*Bibliothèque de Philosophie scientifique*

# LOUIS BACHELIER

Docteur ès sciences

# Le Jeu, la Chance et le Hasard

PARIS

ERNEST FLAMMARION, ÉDITEUR

26, RUE RACINE, 26

# Le Jeu, la Chance
## et le Hasard

# OUVRAGES DU MÊME AUTEUR

---

## THÉORIE DE LA SPÉCULATION
1 vol. in-4°. — Gauthier-Villars, éditeur.

## CALCUL DES PROBABILITÉS
1 vol. in-4°. — Gauthier-Villars, éditeur.

# LOUIS BACHELIER
### DOCTEUR ÈS SCIENCES MATHÉMATIQUES

# Le Jeu, la Chance et le Hasard

## PARIS
### ERNEST FLAMMARION, ÉDITEUR
26, RUE RACINE, 26

1914

# Le Jeu, la Chance et le Hasard

---

## CHAPITRE I

### LE HASARD

---

L'idée de probabilité est inhérente à la connaissance et en paraît inséparable. Il en résulte que tout être organisé fait, à sa façon, du calcul des probabilités.

Nos actes sont constamment guidés par la recherche du maximum de plaisir et du minimum de souffrance, nous agissons toujours en faisant ce qui nous semble être *probablement* le plus avantageux, c'est donc toujours le sentiment de probabilité qui nous dirige.

Les actes raisonnés sont guidés par le sentiment

de probabilité, les actes impulsifs le sont de même,
les impulsions ne sont que le résultat de l'accumu-
lation antérieure des probabilités.

L'idée de probabilité existant nécessairement
avec la connaissance et formant, pour ainsi dire,
corps avec elle, ne peut être le monopole de l'es-
pèce humaine et comme on ne peut refuser aux
végétaux même une sorte de connaissance, on ne
peut admettre qu'ils agissent en dehors du sentiment de probabilité.

Lorsque, sous une haute futaie, un arbuste s'in-
cline pour profiter du seul rayon de soleil qui peut
filtrer à travers les feuilles, il fait à sa façon du
calcul des probabilités, il obéit lui aussi au principe du maximum de plaisir, à la loi des grands
nombres et des moyennes, il agit en faisant ce
qui est probablement pour lui le plus avantageux.

Il n'est pas certain que, d'un autre côté, dans
une direction très différente, une éclaircie ne se
produira pas dans l'ombrage; c'est une hypothèse
très peu probable, l'arbuste paraît le savoir, il agit
comme s'il le savait. En le dirigeant vers le point
éclairé son infime connaissance a choisi l'hypothèse la plus probable, elle a obéi au principe du
maximum d'espérance.

En disant que l'idée de probabilité est inhérente
à la connaissance, qu'elle en est inséparable et

qu'elle naît avec elle, nous n'avons pas, fort heureusement, à remonter aux sources de la connaissance et aux causes dont elle découle, nous n'avons
pas à résoudre le problème de la naissance et de
l'évolution de l'instinct, de l'intelligence, des sen-
timents ni des passions, nous n'avons pas à entreprendre des études qui sortiraient de notre domaine
et qui ont été brillamment exposées dans d'autres
volumes de cette collection, nous n'avons qu'à
constater un résultat : l'idée de probabilité existe
toujours avec la connaissance.

Le degré ultime de la connaissance serait la
certitude, c'est une limite dont on peut approcher
sans jamais l'atteindre, les mathématiques elles-
mêmes ne sont pas absolument certaines, en toute
rigueur, la certitude n'existe pas.

Si le sentiment de probabilité domine tous nos
actes, pourquoi le calcul des probabilités est-il
venu si tard dans la science? Pour deux raisons
que l'on peut facilement concevoir.

Les notions d'espace et de mouvement nous
semblent imposées par nos sens, la notion de
probabilité ne correspond à rien qui soit visible ni
tangible; je suis peut-être le seul qui ait essayé,
non pas précisément, de voir la probabilité, mais
du moins d'assimiler dans certains cas ses trans-

formations à quelques phénomènes physiques ; encore ces phénomènes ne présentaient-ils rien de réellement visible, on peut seulement les concevoir.

L'absence de toute manifestation extérieure et même de toute image réellement claire a retardé la naissance du calcul des probabilités. Une autre cause, ayant d'ailleurs un peu la même origine, a également contribué à ce résultat :

L'idée de probabilité semble en contradiction complète avec l'idée essentielle de la science exacte.

La science exacte recherche l'absolu, son principe paraît être l'antithèse de l'idée de probabilité. L'expression même de calcul des probabilités semble impliquer une contradiction entre ses termes, comme aussi l'expression analogue de : lois du hasard.

Il a fallu un bel effort pour oser appliquer le calcul qui est la précision même à une question qui, par sa nature, lui semble tout à fait rebelle.

Huyghens, le premier qui écrivit un traité sur le sujet, ne dissimula pas son enthousiasme : « Rien n'est plus glorieux, dit-il, que de pouvoir donner des règles à des choses qui, étant dépendantes du hasard, semblent n'en reconnaître aucune et par là se soustraire à la raison humaine ». Cette phrase a été reproduite bien souvent, elle donne une idée de l'intérêt qui s'attache à la recherche des lois du hasard.

Les raisons qui ont retardé la naissance du calcul des probabilités auront d'autres conséquences : certains esprits, même très fins, demeureront rebelles à ce calcul, d'autres ne pourront que péniblement se l'assimiler, sa vulgarisation sera toujours très difficile et ses principes seront peut-être toujours incompris du grand nombre. Pour d'autres esprits, au contraire, pour ceux qui ont une tendance vers la méditation, pour ceux qui apprécient les études philosophiques comme les études rationnelles, pour ceux enfin qui savent comprendre, à côté de la beauté d'une loi générale, les finesses d'une analyse subtile et délicate frôlant parfois le paradoxe, pour ceux-là la théorie des hasards présentera un attrait et un charme tout particuliers.

Le calcul des probabilités n'est pas, à proprement parler, une application des mathématiques pures, c'est une science autonome ayant un genre d'esthétique tout spécial. Pour en comprendre la beauté il faut bannir les images vulgaires que la considération d'un jeu peut faire naître. Toute manifestation du hasard peut être assimilée au résultat d'un jeu et la dignité du sujet ne doit pas en être amoindrie.

Je n'ai pas à décrire la physionomie des joueurs autour de la roulette, les peintres humoristes ont bien souvent mis à contribution ce sujet facile. Ce n'est pas précisément la même image que le même jeu évoque chez le mathématicien, il s'efforce de se figurer une sorte de fluide idéal se mouvant dans un espace à $n$ dimensions en suivant des lois vaguement analogues à celles du mouvement de la chaleur. Il y a loin, comme on voit, de la conception vulgaire du jeu à sa conception transcendante.

C'est presque toujours le jeu qui permet de se former une idée à peu près claire d'une manifestation du hasard, c'est le jeu qui a fait naître le calcul des probabilités, c'est au jeu que ce calcul doit ses premiers bégaiements comme ses derniers développements, c'est le jeu qui permet de concevoir ce calcul de la façon la plus générale, c'est donc le jeu qu'il faut s'efforcer de comprendre, mais on doit le comprendre dans un sens philosophique, indépendamment de toute idée vulgaire.

Peut-on définir le hasard?

« A parler exactement, rien ne dépend du hasard; quand on étudie la nature, on est bientôt

convaincu que son auteur agit d'une manière générale et uniforme, qui porte le caractère d'une
sagesse et d'une prescience infinies. Ainsi pour
attacher à ce mot « hasard » une idée qui soit
conforme à la vraie philosophie, on doit penser
que toutes choses étant réglées suivant des lois
certaines, dont le plus souvent l'ordre ne nous est
pas connu, celles-là dépendent du hasard dont la
cause naturelle nous est cachée. Après cette définition on peut dire que la vie de l'homme est un
jeu où règne le hasard. » (De Montmort : *Essay
d'analyse sur les jeux de hazard*, 1708.)

« Tous les événements, ceux même qui par leur
petitesse semblent ne pas tenir aux grandes lois
de la nature, en sont une suite aussi nécessaire
que les révolutions du soleil. Dans l'ignorance des
liens qui les unissent au système entier de l'univers, on les a fait dépendre des causes finales ou
du hasard, suivant qu'ils arrivaient ou se succédaient avec régularité ou sans ordre apparent;
mais ces causes imaginaires ont été successivement reculées avec les bornes de nos connaissances,
et disparaissent entièrement devant la saine philosophie, qui ne voit en elles que l'expression
de l'ignorance où nous sommes des véritables
causes.

« Les événements actuels ont avec les précédents une liaison fondée sur le principe évident, qu'une chose ne peut pas commencer d'être sans une cause qui la produise. Cet axiome, connu sous le nom de « principe de la raison suffisante », s'étend aux actions même que l'on juge indifférentes. La volonté la plus libre ne peut sans un motif déterminé leur donner naissance; car si, toutes les circonstances de deux positions étant exactement semblables, elle agissait dans l'une et s'abstenait d'agir dans l'autre, son choix serait un effet sans cause; elle serait alors, dit Leibniz, le hasard aveugle des épicuriens. L'opinion contraire est une illusion de l'esprit qui, perdant de vue les raisons fugitives du choix de la volonté dans les choses indifférentes, se persuade qu'elle est déterminée d'elle-même et sans motifs.

« Nous devons donc envisager l'état présent de l'univers comme l'effet de son état antérieur et comme la cause de celui qui va suivre. Une intelligence qui, pour un instant donné, connaîtrait toutes les forces dont la nature est animée et la situation respective des êtres qui la composent, si d'ailleurs elle était assez vaste pour soumettre ces données à l'analyse, embrasserait dans la même formule les mouvements des plus grands corps de l'univers et ceux du plus léger atome : rien ne serait incertain pour elle, et l'avenir comme le

passé, serait présent à ses yeux. » (Laplace :
*Essai philosophique sur les probabilités*, 1814.)

« Comment oser parler des lois du hasard? Le
hasard n'est-il pas l'antithèse de toute loi? En
repoussant cette définition, je n'en proposerai
aucune autre. Sur un sujet vaguement défini, on
peut raisonner sans équivoque. Faut-il distraire le
chimiste de ses fourneaux pour le presser sur
l'essence de la matière? Commence-t-on l'étude
du transport de la force par définir l'électricité?

« Le mot « hasard », intelligible de soi, éveille
dans l'esprit une idée parfaitement claire. »
J. Bertrand. *Calcul des probabilités*, 1889.)

« Et d'abord, qu'est-ce que le hasard? Les
Anciens distinguaient les phénomènes qui semblent
obéir à des lois harmonieuses, établies une fois
pour toutes, et ceux qu'ils attribuaient au hasard;
c'étaient ceux qu'on ne pouvait prévoir parce
qu'ils étaient rebelles à toute loi. Dans chaque
domaine, les lois précises ne décidaient pas de
tout, elles traçaient seulement les limites entre
lesquelles il était permis au hasard de se mouvoir.
Dans cette conception, le mot hasard avait un
sens précis, objectif : ce qui était hasard pour
l'un, était aussi hasard pour l'autre et même pour
les dieux.

« Mais cette conception n'est plus la nôtre; nous

sommes devenus des déterministes absolus, et ceux mêmes qui veulent réserver les lois du libre arbitre humain laissent du moins le déterminisme régner sans partage dans le monde inorganique. Tout phénomène, si minime qu'il soit, a une cause, et un esprit infiniment puissant, infiniment bien informé des lois de la nature, aurait pu le prévoir depuis le commencement des siècles. Si un pareil esprit existait, on ne pourrait jouer avec lui à aucun jeu de hasard, on perdrait toujours.

« Pour lui, en effet, le mot de hasard n'aurait pas de sens, ou plutôt il n'y aurait pas de hasard. C'est à cause de notre faiblesse et de notre ignorance qu'il y en aurait un pour nous. » (Henri Poincaré. *Revue du mois*, 1907. — *Science et Méthode*, 1908.)

On ne peut donc définir correctement le hasard pour cette raison, qu'en réalité, le hasard n'existe pas.

Nous disons qu'un phénomène est dû au hasard quand ses causes nous sont inconnues et nous paraissent inanalysables.

La dernière partie de cette sorte de définition est indispensable; nous ne considérons pas un événement comme dû au hasard quand les causes qui le produisent, pour être inconnues, nous semblent pouvoir être simples.

Nous ignorons les causes de la plupart des faits, nous n'en attribuons qu'une partie au hasard.

On voit facilement que la définition s'applique aux faits que l'on considère ordinairement comme fortuits. La pièce de monnaie lancée en l'air en tourbillonnant tombe du côté pile ou du côté face, au gré du hasard ; c'est le hasard qui fait retourner d'un jeu une carte déterminée, qui produit la rencontre inopinée d'une personne que l'on voit rarement, etc.

Si l'on connaît l'ordre dans lequel sont rangées les cartes d'un jeu, la retourne d'une certaine carte ne dépend pas du hasard. Si l'on bat long-temps les cartes, les causes qui peuvent produire la retourne d'une carte désignée deviennent ina-nalysables, le fait dépend du hasard.

L'impulsion que l'on a donnée à la pièce en la jetant en l'air dépend d'une foule de petites causes qui nous paraissent inanalysables. Si l'on prenait l'habitude de toujours jeter la pièce de la même manière, l'arrivée de pile ne dépendrait plus du hasard, les causes de l'impulsion nous paraîtraient analysables.

La rencontre inopinée d'une personne que l'on voit rarement est attribuée au hasard parce que les causes de la rencontre paraissent inanalysables. Si la personne passe tous les jours à l'endroit où s'est produite la rencontre, on n'attribue pas celle-ci au hasard parce que les causes sont simples.

Le nombre des faits que nous attribuons au hasard, cause fictive créée par notre ignorance, doit varier comme cette ignorance, suivant les temps et suivant les individus. Ce qui est hasard pour l'ignorant n'est pas nécessairement hasard pour le savant. Ce qui est hasard aujourd'hui ne le sera peut-être plus demain.

Les découvertes scientifiques peuvent re reindre le domaine du hasard puisqu'elles diminuent notre ignorance. Il est cependant des phénomènes que nous considérons comme devant toujours dépendre du hasard parce que nous n'apercevons pas la possibilité de quelque cause simple pouvant le remplacer. L'extraction d'une certaine carte d'un jeu bien mêlé dépend du hasard et nous semble devoir toujours en dépendre.

Au contraire, il y a des phénomènes que nous n'attribuons que provisoirement au hasard :

Il y a un siècle, on pensait qu'avant peu la météorologie deviendrait une véritable science permettant de prédire exactement le temps dans un certain avenir; on pensait que la prévision du temps passerait bientôt du domaine du hasard à celui de

la vraie connaissance. On le pense encore aujour-
d'hui, avec moins de foi peut-être. Les causes qui
produisent les variations atmosphériques sont
minimes et multiples, elles n'ont pas, nécessairement, de résultantes uniformes d'où découleraient
de grandes lois, il est donc fort possible que le
hasard, pour longtemps, semble en gouverner les
effets.

Nous ne pouvons, dans ce petit livre, étudier
toutes les manifestations du hasard qu'il est possible de soumettre au calcul et de traiter d'une
façon scientifique; ainsi, nous n'étudierons que
très superficiellement les applications du calcul
des probabilités aux statistiques biométriques.
Cette question présente un très grand intérêt, mais
elle exigerait à elle seule un nouvel ouvrage. En
nous bornant aux généralités, à l'analyse des jeux,
de la spéculation, des erreurs d'observation, nous
aurons déjà à parcourir un domaine assez vaste
comprenant les bases fondamentales du calcul des
probabilités.

Ce mot de calcul ne doit pas effrayer, nous ne
ferons ici aucun calcul et notre étude sera uniquement descriptive.

# CHAPITRE II

## LA PROBABILITÉ

On appelle probabilité d'un événement le rapport du nombre des cas favorables à l'arrivée de cet événement au nombre total des cas possibles.

La probabilité d'amener le point 4, par exemple, avec un dé est 1/6 parce que 6 cas peuvent se présenter quand le dé est jeté sur le tapis et qu'un seul est favorable à l'arrivée du point 4.

La probabilité de retourner un roi sur un jeu de 32 cartes est 1/8 : il y a en effet 32 cas possibles et 4 favorables ; la probabilité est donc $4/32 = 1/8$.

Si une urne contient une boule blanche et deux boules noires, la probabilité de tirer une boule blanche est 1/3, la probabilité de tirer une boule noire est 2/3.

Si l'on jette deux fois de suite une pièce de monnaie, la probabilité pour obtenir une fois pile et une fois face est 1/2. En effet, 4 cas sont possibles : on peut amener pile deux fois ou face deux fois, ou pile au premier jet et face au second ou face au premier jet et pile au second. Ces deux derniers cas sont favorables, la probabilité est donc 2/4 ou 1/2.

La définition de la probabilité suppose toujours que les cas sont également vraisemblables.

Dans le premier exemple donné ci-dessus il faudrait se garder de dire : « Le dé peut montrer le point 4 ou il peut montrer un autre point; il y a donc deux cas possibles dont un favorable : la probabilité est 1/2. » Les deux cas possibles ne sont pas également vraisemblables.

Dans le quatrième exemple, il ne faudrait pas dire non plus : on peut amener pile deux fois, ou face deux fois ou pile une fois et face une fois, il y a trois cas possibles et un favorable, la probabilité est 1/3. Les trois cas possibles ne sont pas également vraisemblables.

Au point de vue mathématique : la division en cas d'égale vraisemblance constitue une donnée du problème étudié.

Les conséquences que le calcul des probabilités déduit de ces données sont mathématiquement exactes.

On jette au hasard une pièce de monnaie, nous admettons qu'il y a autant de chances pour amener face que pile, c'est une donnée du problème.

Cette donnée une fois admise, la probabilité pour obtenir face deux fois de suite est 1/4 ; ce résultat est mathématiquement exact, au même titre que deux et deux font quatre.

La probabilité pour obtenir en trois jets deux fois pile et une fois face est 3/8, c'est une conséquence absolument nécessaire des données.

Si l'on veut tenter l'expérience et si les données ne sont pas exactes il ne faudra pas incriminer le calcul des probabilités dont les résultats paraîtront erronés ; le calcul ne fait que traduire fidèlement les hypothèses. Si la pièce est dissymétrique ou si celui qui la lance sait favoriser l'arrivée du côté qu'il désire, il est évident que le calcul ne peut le prévoir.

Cette remarque paraîtrait naïve s'il s'agissait de toute autre question de mathématiques, on sait fort bien qu'il n'y a dans un calcul que ce qu'on y a mis. Lorsqu'il s'agit de probabilités, l'imprécision du sujet peut faire perdre de vue cette vérité élémentaire.

Une conséquence immédiate de la définition de la probabilité est que cette quantité est toujours comprise entre zéro et un, la dernière valeur correspond à la certitude, la première à l'impossibilité.

Autres conséquences immédiates : la somme des probabilités de tous les cas possibles est égale à un.

Si l'on désigne par la lettre $p$ la probabilité d'un événement, la probabilité de sa non-arrivée (ou, comme on dit, de l'événement contraire), est $1 - p$.

Dans le langage ordinaire, on emploie souvent le mot chance au lieu du mot probabilité, ainsi on dit qu'un événement a neuf chances sur dix de se produire pour exprimer que sa probabilité est 0,9.

Au début du calcul des probabilités on employait le mot chances et aussi le mot hasards. On désignait la probabilité, même dans les formules algébriques, par une fraction dont le numérateur représentait le nombre des chances favorables et le dénominateur le nombre total des chances. Aujourd'hui, dans la plupart des formules, on désigne la probabilité par une seule lettre.

# CHAPITRE III

## APPRÉCIATION DES PROBABILITÉS

Imaginons un esprit qui puisse exactement connaître les probabilités.

Cet esprit ne serait pas comparable à celui que supposent Montmort, Laplace et Poincaré, pour qui n'existeraient que des certitudes. Le hasard existerait pour l'esprit que nous considérons, mais il en tirerait le meilleur parti possible ; ce ne serait qu'un demi-dieu mais il nous serait très supérieur. Avec lui on pourrait, sans aucune crainte, jouer à un jeu de pur hasard, aux dés par exemple, mais il serait imprudent de jouer à l'écarté. Il ne gagnerait pas constamment, il ne pourrait mettre dans ses cartes les atouts que le hasard lui aurait refusés mais, à jeu égal, il aurait une grande supériorité et finirait nécessairement par gagner.

Dans la vie il en serait de même ; le sort pourrait

lui être défavorable, il n'en serait pas moins très avantagé dans l'ensemble.

Sans posséder la science absolue, si nous pouvions apprécier sainement les probabilités tout en abandonnant au hasard la grande part que notre faiblesse doit lui céder nous serions certainement beaucoup plus forts.

Parler de la mauvaise appréciation des probabilités, c'est faire le procès de la sottise humaine, le sujet est infiniment vaste et nous devons nous restreindre à une idée générale : la faiblesse de notre intelligence a pour effet de nous faire considérer les faits aléatoires ou comme presque certains, ou comme presque impossibles.

Nous avons une tendance naturelle à rapprocher les probabilités de leurs valeurs extrêmes zéro et un.

Pour les esprits inférieurs, il semble qu'il soit difficile de parcourir la gamme totale des probabilités, la crédulité et l'incrédulité complètes sont presque les deux seules alternatives entre lesquelles un esprit médiocre ne balance guère. L'opinion publique est généralement formée d'idées extrêmes également mal fondées.

Je crois intéressant de reproduire textuellement ce qu'ont écrit sur le sujet Montmort et Laplace, deux maîtres en la matière.

« Tout le monde sait qu'au défaut de l'évidence nous devons chercher la vraisemblance pour nous approcher de la vérité ; mais on ne sait point assez qu'il y a des vraisemblances plus grandes et plus petites, à l'infini et que l'esprit pour être bon juge, en doit distinguer tous les degrés. » (de Montmort).

« L'esprit a ses illusions comme le sens de la vue, et de même que le toucher corrige celles-ci, la réflexion et le calcul corrigent les premières.

« Nos passions, nos préjugés et les opinions dominantes, en exagérant les probabilités qui leur sont favorables et en atténuant les probabilités contraires sont des sources abondantes d'illusions dangereuses. .

« Les maux présents et la cause qui les fait naître nous affectent beaucoup plus que le souvenir des maux produits par la cause contraire ; ils nous empêchent d'apprécier avec justesse les inconvénients des uns et des autres et la probabilité des moyens propres à nous en préserver. C'est ce qui porte alternativement vers le despotisme et vers l'anarchie les peuples sortis de l'état de repos, dans lequel ils ne rentrent jamais qu'après de longues et cruelles agitations.

« Cette impression vive que nous recevons de la présence des événements, et qui nous laisse à peine remarquer les événements contraires observés par d'autres, est une cause principale d'erreur, dont on ne peut trop se garantir...

« On ne réfléchit point au grand nombre des non-coïncidences qui n'ont fait aucune impression ou que l'on ignore. Cependant il est nécessaire de les connaître pour apprécier la probabilité des causes auxquelles on attribue ces coïncidences. » (Laplace).

Si nous avons une tendance instinctive à rapprocher les probabilités de leurs valeurs extrèmes, cela tient aux passions, aux croyances, aux préjugés et aussi à une sorte d'habitude qui nous fait assimiler en partie les événements que nous devrions considérer comme fortuits à ceux que nous avons coutume de considérer comme certains ou comme impossibles.

# CHAPITRE IV

## L'ESPÉRANCE MATHÉMATIQUE

La probabilité n'est pas la seule quantité qu'il soit intéressant d'étudier dans les questions dépendant du hasard; il est très différent d'avoir une chance sur dix de gagner 100 francs ou une chance sur dix de gagner 1 million; c'est cette considération qui conduit à la notion d'espérance mathématique.

On appelle espérance mathématique d'un bénéfice éventuel le produit de ce bénéfice par la probabilité de le réaliser.

Si l'on a une chance sur deux de gagner 2 francs, l'espérance mathématique est 1 franc.

A une loterie il y a un seul lot de 1 million et deux millions de billets, on possède un billet, sa valeur, c'est-à-dire l'espérance mathématique correspondante est $1.000.000 \times \dfrac{1}{2.000.000}$, ou 0 fr. 50.

On peut dire que l'espérance mathématique est la valeur d'une somme dont le gain n'est qu'éventuel.

Lorsqu'il s'agit d'une perte au lieu d'un gain, une perte pouvant être considérée comme un gain négatif, l'espérance mathématique est négative.

Si l'on a une chance sur vingt de perdre 40 francs, l'espérance mathématique est

$$- 40 \times 1/20, \text{ ou } - 2 \text{ francs.}$$

S'il y a probabilité $1/100$ pour subir une perte de 1.000 francs, l'espérance mathématique est

$$- 1.000 \times 1/100, \text{ ou } - 10 \text{ francs.}$$

Une espérance mathématique négative est la valeur d'une perte dont la réalisation n'est qu'éventuelle.

Dans le dernier exemple, on pourrait encore dire que 10 francs est la prime qu'il faudrait équitablement payer pour se soustraire au risque de perdre 1.000 francs.

L'espérance mathématique est donc la valeur d'un gain (ou d'une perte) éventuels.

L'espérance mathématique *totale* d'un joueur est la somme des produits des bénéfices éventuels par les probabilités correspondantes.

Si, par exemple, un joueur a une chance sur trois de gagner 16 francs, deux chances sur trois de perdre 6 francs, et une chance sur douze de gagner 20 francs, son espérance mathématique totale est $16 \times 1/3 - 6 \times 2/3 + 20 \times 1/12$, ou 3 francs. Cette somme de 3 francs est la valeur de son opération, qui comporte trois éventualités. C'est contre cette somme de 3 francs qu'il pourrait, sans avantage ni préjudice, abandonner cette opération.

Pour former l'espérance mathématique totale, il suffit donc d'ajouter entre elles les espérances qui correspondent à des gains, puis de retrancher celles qui correspondent à des pertes.

Les espérances mathématiques sont des sommes d'argent fictives; il faut entendre par là qu'elles ne correspondent pas, ordinairement, à une valeur possible du gain ou de la perte.

Si l'on a une chance sur dix de gagner 20 francs, l'espérance mathématique est 2 francs; ce n'est pas une valeur possible du gain, les valeurs possibles sont 0 et 20 francs.

Il est évident que les espérances mathématiques s'ajoutent comme des sommes d'argent ordinaires, l'espérance mathématique totale est la somme des espérances correspondant à toutes les éventualités qui peuvent se réaliser. Cette propriété d'addition rend souvent très facile le calcul des espérances mathématiques ; dans bien des cas il est plus facile de calculer une espérance mathématique totale que chacun des termes dont elle se compose.

Il est évident qu'un jeu est avantageux quand l'espérance mathématique totale est positive, qu'il est désavantageux quand l'espérance totale est négative, et qu'il n'est ni avantageux ni désavantageux quand l'espérance totale est nulle. On dit alors que le jeu est *équitable*.

Si, par exemple, un joueur a une chance sur trois de gagner 12 francs et deux chances sur trois de perdre 6 francs, son espérance mathématique totale est nulle, les conditions du jeu ne lui sont ni avantageuses ni défavorables, le jeu est équitable.

Si un jeu se compose de plusieurs parties, l'espérance mathématique totale est la somme des espérances relatives aux diverses parties qui composent le jeu (à la condition que toutes les parties soient nécessairement jouées).

En particulier, si le jeu est constamment identique à lui-même, l'espérance totale est proportionnelle au nombre des parties.

Si un jeu est équitable à chaque partie, il est équitable dans son ensemble.

Il n'existe donc aucune combinaison pouvant rendre avantageux ou désavantageux un jeu qui, à chaque partie, est équitable.

Dans les jeux les plus simples, on dépose d'abord une mise ou enjeu et l'on acquiert de ce fait une espérance mathématique positive ; le jeu est équitable quand la mise est égale à cette espérance.

C'est un cas particulier de la définition générale, la mise que l'on a abandonnée est en effet une espérance négative égale à cette mise.

Les jeux pratiqués dans les maisons de jeu et les casinos ne sont pas équitables ; ils sont évidemment désavantageux pour le ponte.

Un désavantage, si faible qu'il soit, change complètement, à la longue, les résultats d'un jeu ; nous aurons à insister sur cette question.

Lorsqu'on dit qu'un jeu est équitable, on doit entendre que l'espérance mathématique totale est nulle, rien de plus.

Un jeu équitable peut être déraisonnable : Deux personnes possédant chacune exactement un million peuvent le jouer à pile ou face ; le jeu est équitable, et cependant de tels joueurs seraient considérés comme fous.

Par contre, on peut risquer un louis ou deux à la roulette sans mériter un conseil judiciaire.

Un jeu peut être désavantageux au point de vue mathématique et être néanmoins fort utile : on considère comme très sage de s'assurer, et cependant, au point de vue mathématique, l'assurance est désavantageuse.

## § 1. — Jeu de passe-dix.

On jouait beaucoup, il y a trois siècles, au jeu de « passe-dix ». La règle en est très simple; on jette trois dés au hasard; l'un des joueurs gagne s'il obtient une somme de points supérieure à 10; il perd si la somme des points est inférieure ou égale à 10.

On voit facilement que le point 11 a même probabilité que le point 10, que le point 12 a même probabilité que le point 9, etc. Le jeu est donc équitable.

Un ami de Galilée s'étonnait de voir le point 9 sortir moins souvent que le point 10, alors que chacun de ces points peut être obtenu de six manières différentes.

Galilée fit remarquer que les six manières ne sont pas équivalentes dans les deux cas. Par exemple, les trois dés donnnant 3, 3 et 3, le point est égal à 9; si les dés donnent 3, 3, 4, le point est égal à 10; les deux cas ne sont pas analogues: la combinaison 3, 3, 3 est unique, tandis qu'il y a trois combinaisons telles que 3, 3, 4; ce sont 3, 3, 4, 3, 4, 3 et 4, 3, 3.

Galilée montra qu'en jetant trois dés il peut se produire $6 \times 6 \times 6 = 216$ cas différents et que, parmi eux, 27 sont favorables à l'arrivée du point 10, alors que 25 seulement sont favorables à l'arrivée du point 9.

Cardan et Galilée sont considérés comme les précurseurs du calcul des probabilités.

### § 2. — Jeu de la rencontre.

Un autre jeu équitable bien connu est le « jeu de la rencontre ». Le banquier, c'est-à-dire celui qui tient les cartes, retourne successivement treize cartes sur les 52 cartes d'un jeu complet en énonçant : as, deux, trois, ... valet, dame, roi. Il y a rencontre quand le numéro (ou la figure) énoncé est bien le numéro qui est retourné. Le banquier donne un franc à chacun des pontes et il reçoit de chacun d'eux autant de francs qu'il y a de rencontres.

De Montmort, il y a deux siècles, voulant se rendre compte de l'avantage du banquier, calcula la probabilité pour qu'il y ait une seule rencontre, pour qu'il y en ait deux, pour qu'il y en ait trois,... pour qu'il y en ait treize. Il vit ainsi que le banquier jouait à égalité, puis il se rendit compte de l'inutilité de ses calculs (tout au moins pour résoudre le problème proposé) et leur résultat lui apparut comme presque évident.

Avant de commencer à jouer, la probabilité pour que le banquier retourne une carte énoncée est 1/13. Par exemple, la probabilité pour qu'il retourne un cinq en énonçant cinq est 1/13, car il y quatre cinq sur les 52 cartes, et alors la probabilité est 4/52 ou 1/13. Puisqu'il y a une chance sur treize pour que le banquier gagne un franc en énonçant le point cinq, son espérance pour ce point est 1/13. Elle est la même pour chacun des points et comme il y en a treize, sa valeur totale est 13/13, c'est-à-dire un.

Le banquier a donc versé un franc à chacun des pontes et, comme il acquiert par le jeu une espérance de 1 franc pour chacun d'eux, il joue à égalité, son jeu est équitable.

Nous avons là un exemple très curieux, devenu classique, du cas où l'espérance mathématique s'obtient très facilement par un procédé direct, alors que les probabilités relatives au même problème sont d'un calcul très laborieux.

La probabilité pour qu'il y ait, je suppose, exactement trois rencontres, ne peut être déterminée que par un raisonnement serré et délicat, elle diffère d'ailleurs avec le nombre des jeux de cartes employés; au contraire, l'espérance mathématique s'obtient sans aucune difficulté et elle est indépendante du nombre des jeux, pourvu qu'on ne retourne que treize cartes.

Le jeu de l'horloge est analogue au jeu de la rencontre, avec cette différence que le banquier reçoit un franc des pontes s'il y a une ou plusieurs rencontres et qu'il leur verse un franc s'il n'y a pas une seule rencontre.

Le jeu est outrageusement avantageux pour le banquier : la probabilité pour qu'il gagne varie entre 0,63 et 0,65, suivant le nombre des jeux de cartes.

### § 3. — Jeux de cartes, en général.

On ne se fait pas une idée du nombre prodigieux des résultats différents que l'on peut obtenir avec un jeu de cartes, ou même avec un simple jeu de dominos.

Le nombre des arrangements possibles de

52 cartes s'exprime par un 8 suivi de 67 autres chiffres.

Le nombre des arrangements possibles de 32 cartes est 263 millions de milliards de milliards de milliards.

Deux joueurs A et B tirent chacun sept cartes au hasard d'un jeu de 52 cartes ; le nombre des jeux possibles est six millions de milliards.

En admettant qu'ils jouent continuellement, une partie par minute et que leurs jeux soient différents à chaque partie, ils n'arriveraient à épuiser toutes les combinaisons possibles qu'au bout de cent millions de siècles.

On comprend qu'il est généralement impossible d'étudier, d'une façon complète, un jeu de cartes par le calcul des probabilités.

L'intérêt du jeu n'en est pas diminué, au contraire, le joueur ne pouvant calculer les probabilités doit faire appel à son intuition et à son expérience pour agir comme s'il en connaissait à peu près la valeur; le jeu ne lui apparaît plus ainsi comme dépendant uniquement du hasard, son habileté y joue un certain rôle.

En se plaçant à ce dernier point de vue, on peut diviser les jeux en trois catégories : les jeux de hasard pur (pile ou face, jeux de dés, quelques

jeux de cartes, roulette, trente et quarante, etc.),
les jeux de hasard et de calcul (la plupart des jeux
de cartes, les jeux de dominos, etc.) et les jeux
de pur calcul (jeu d'échecs, jeux de dames, etc.).

Nous n'étudierons pas chaque jeu en particulier,
notre but est de faire comprendre la théorie générale qui s'applique à un jeu quelconque, qui peut
s'appliquer aux jeux aujourd'hui oubliés comme
à ceux que l'on pourrait inventer demain.

## § 4. — Application à la détermination des probabilités.

Comme application de la notion d'espérance
mathématique, nous allons résoudre un problème
très simple et cependant d'un intérêt et d'une
portée considérables, sur l'importante question de
la ruine des joueurs.

Le joueur A possède $a$ francs et le joueur B
possède $b$ francs, ils jouent à pile ou face et,
après chaque partie, le perdant verse un franc au
gagnant.

Ces deux joueurs jouent jusqu'à ce que l'un
d'eux ait perdu la totalité de ce qu'il possède.

Quelle est la probabilité pour que le joueur A
gagne finalement les $b$ francs du joueur B?

Pour simplifier le langage, on nomme *fortune* d'un joueur la somme totale qu'il consacre au jeu; lorsqu'il a perdu cette somme, on dit qu'il est ruiné. Ainsi, le problème considéré peut s'énoncer de la façon suivante :

Le joueur A a pour fortune $a$ et le joueur B a pour fortune $b$, ils jouent à pile ou face et, après chaque partie, le perdant verse un franc au gagnant.

Ils jouent jusqu'à la ruine de l'un d'eux. Quelle est la probabilité pour que le joueur A ruine son adversaire. ?

Pour résoudre le problème, il suffit de faire appel à la notion d'espérance mathématique :

Le jeu étant équitable, l'espérance mathématique du joueur A est nulle.

Aucune limite n'étant assignée pour la durée du jeu, deux éventualités sont seules possibles : ou le joueur A finit par gagner la somme $b$ possédée par son adversaire ou lui-même perd la somme $a$ qu'il possède.

Soit P la probabilité de la première éventualité, la probabilité cherchée. Le joueur A ayant probabilité P de gagner la somme $b$, son espérance, pour cette éventualité, est $Pb$.

Le joueur A a aussi probabilité $(1-P)$ de perdre la somme $a$, son espérance, pour cette éventualité, est $-(1-P)a$.

L'espérance mathématique totale étant nulle, on

a : $P b - (1 - P) a = 0$, d'où $P = \dfrac{a}{a+b}$.

La probabilité pour que A gagne est donc $\dfrac{a}{a+b}$, la probabilité pour que B gagne est, de même, $\dfrac{b}{a+b}$.

Les probabilités de gain des joueurs sont proportionnelles à leurs fortunes.

La probabilité pour que A soit le gagnant final est la probabilité pour que B soit ruiné, donc :

Lorsque deux joueurs jouent à un jeu équitable sans se fixer d'avance un nombre maximum de parties, leurs probabilités de ruine sont inversement proportionnelles à leurs fortunes. Il en résulte que le plus pauvre sera vraisemblablement ruiné.

En jouant contre un adversaire très riche, la ruine est à peu près certaine. Celui qui joue équitablement contre tout adversaire qui se présente se trouve dans les mêmes conditions que s'il jouait contre un adversaire très riche : sa ruine est à peu près certaine.

La probabilité de sa ruine s'approche de la certitude en même temps que le gain espéré par lui croît indéfiniment.

Ce résultat est d'ailleurs évident, le joueur voulant gagner une grosse fortune avec un petit capital, doit, en toute équité, être à peu près certain de perdre son petit capital. S'il n'en était pas ainsi, le joueur serait manifestement avantagé.

Donc, lorsqu'un joueur joue équitablement contre tout adversaire qui se présente, sa ruine, à la longue, est certaine; il pourra pendant un temps gagner beaucoup, peut-être, il finira toujours par se ruiner.

La ruine est certaine à plus forte raison quand le jeu défavorise le joueur, mais il n'en est plus de même quand les conditions du jeu lui réservent un avantage, si faible soit-il.

Non seulement alors la ruine n'est plus une certitude, mais le joueur est presque certain de ne pas être ruiné s'il ne risque, à chaque partie, qu'une faible portion de son capital.

Je reviendrai plus loin sur cette question de la ruine des joueurs, l'une des plus intéressantes de notre étude.

# CHAPITRE V

## L'ESPÉRANCE MORALE

---

Au lieu de considérer un bénéfice éventuel comme ayant une valeur intrinsèque, Daniel Bernoulli eut l'idée de rapporter ce bénéfice à la fortune de celui qui l'espère.

Un gain de mille francs importe peu à un millionnaire, il importe beaucoup à un pauvre; l'espérance mathématique, telle que nous l'avons définie, ne fait pas de différence entre les deux cas.

C'est pour les distinguer que Daniel Bernoulli proposa d'adjoindre à la notion d'espérance mathématique la notion d'espérance morale.

Il suppose que le gain éventuel doit être rapporté à la fortune de celui qui l'espère. Un gain d'un million à qui possède déjà un million doit, d'après lui, donner même « espérance morale » qu'un gain de cent francs à qui possède seulement cent francs.

Se basant sur cette idée dont l'exagération est évidente, il arrive à démontrer avec chiffres à l'appui que le jeu considéré comme équitable est, en réalité, désavantageux, que l'assurance, par contre, est avantageuse, que l'on ne doit pas risquer tout son avoir dans une même entreprise aléatoire; il démontre, en un mot, une foule de choses que prévoit le bon sens et auxquelles sa théorie et surtout ses chiffres n'apportent que de mauvais arguments.

Un résultat, cependant, est fort intéressant : Bernoulli remarque que toutes ses conclusions subsisteraient en supposant simplement que l'espérance morale d'un bénéfice est d'autant moins grande que celui qui l'espère est plus riche.

A égalité d'espérance mathématique, l'espérance morale ne varierait plus en raison inverse de la fortune, elle diminuerait seulement avec la fortune. Il est évident que la fonction qui exprime l'influence de la fortune n'étant pas spécifiée, il ne pourrait être question d'obtenir des chiffres.

Réduite à cette forme vague, l'idée de D. Bernoulli est très soutenable et paraît même très juste à la condition de la rapporter uniquement à un individu considéré isolément.

Elle devient insoutenable si l'on veut la rapporter à plusieurs.

Dans les jeux, le commerce ou l'industrie, mille francs valent mille francs, que le possesseur soit riche ou pauvre. Chaque fois qu'il peut y avoir échange, une somme d'argent, qu'elle existe réellement ou qu'elle soit à l'état d'espérance, reprend sa valeur intrinsèque. D. Bernoulli, d'ailleurs, en convint, il n'essaya jamais d'imposer son hypothèse.

La théorie de l'espérance morale n'a jamais été appliquée ; elle condamnerait tous les jeux et la plupart des transactions aléatoires entre personnes de fortunes très différentes. Un exemple va nous en convaincre.

Le joueur A possède cent pièces d'or et le joueur B, cent pièces d'argent. Le joueur A, jouant avec égale chance de gain ou de perte une pièce d'or, aurait même espérance morale que le joueur B jouant, avec égale chance de gain ou de perte, une pièce d'argent. On comprend que le joueur A ne serait pas assez naïf pour jouer avec B une pièce d'or contre une pièce d'argent pour cette simple raison : qu'il est le plus riche.

Dans l'hypothèse de D. Bernoulli, on distingue la *fortune morale* de la *fortune physique* ou numérique. La première, qui est liée à la seconde par une formule logarithmique, est censée représenter le plaisir qui correspond à la possession de la seconde.

D. Bernoulli a soin de faire remarquer qu'en toute rigueur la fortune physique n'est pas égale à la fortune numérique, la dernière peut être nulle, la première ne l'est jamais; un homme qui ne possède pas un sou a cependant un capital représenté par ses qualités physiques morales et intellectuelles.

La théorie de Daniel Bernoulli obtint à son époque, et même beaucoup plus tard, un très grand succès auquel Buffon, par sa popularité, contribua pour une large part. Nicolas Bernoulli, excellent mathématicien, cousin de Daniel et neveu de Jacques, dont nous reparlerons, n'accueillit pas sans réserves la théorie de l'espérance morale et son enthousiasme fut des plus tempérés; il remarqua que si, dans la conduite de la vie, on doit suivre de loin les indications de cette théorie, il faut se garder de l'appliquer à la détermination des enjeux.

Daniel Bernoulli introduisit les méthodes du calcul infinitésimal dans la théorie des probabilités, c'est là un beau titre de gloire que la postérité lui gardera. Dans tous ses travaux, d'ailleurs, il montra un esprit profond et original.

Cramer proposa une autre hypothèse. La fortune morale serait proportionnelle à la racine carrée de la fortune numérique.

Un homme quatre fois plus riche qu'un autre ne retirerait de sa fortune que le double de satisfaction.

Cette hypothèse est simple et intéressante comme celle de D. Bernoulli, mais elle est également arbitraire et donne lieu aux mêmes critiques :

Ou il s'agit d'un jeu (ou d'une transaction aléatoire) et l'hypothèse est inadmissible puisque l'on doit alors considérer uniquement la valeur intrinsèque d'une somme. Ou s'il s'agit de la valeur que le possesseur, c'est-à-dire un individu déterminé considéré à un instant déterminé, attribue à cette somme. L'hypothèse est alors arbitraire et beaucoup trop simple.

# CHAPITRE VI

## L'IDÉE GÉNÉRALE D'ESPÉRANCE

---

Supposons qu'il ne s'agisse plus d'une simple somme d'argent et que l'objet du désir soit quelconque, matériel, honorifique ou sentimental.

Remarquons d'abord que c'est l'idée d'espérance qui est innée en nous et non l'idée de probabilité.

C'est par un effort que, dans une espérance, nous arrivons à séparer les deux facteurs : l'objet du désir ou de la crainte d'une part et la probabilité de sa réalisation de l'autre. A l'état naturel les deux facteurs sont mêlés.

Tous les êtres organisés obéissent au principe du maximum d'espérance : ils agissent toujours en faisant ce qui leur semble être le plus avantageux.

4.

C'est l'espérance qui les guide, ce n'est pas la probabilité qui n'en est qu'un facteur.

Puisque l'espérance dirige tous nos actes, il n'est pas sans intérêt de rechercher jusqu'à quel point cette espérance peut être assimilée à une espérance mathématique, à un simple produit de deux nombres.

Dans l'espérance, il semble d'abord que nous puissions abstraire la probabilité de la réalisation du désir et considérer cette espérance comme composée d'une part de la probabilité, d'autre part de quelque chose de très mal défini et de très vague qui serait la valeur du plaisir devant résulter de la réalisation du fait attendu, ou plutôt la valeur que nous lui attribuons actuellement.

Si nous pouvions sainement raisonner nos espoirs nous pourrions peut-être, dans certains cas, arriver à isoler les probabilités et à décomposer nos espérances en deux éléments, dont l'un serait simple. En fait, il n'en est rien, dans notre imagination la probabilité d'une expectative est liée à l'importance de l'objet espéré; nous exagérons la probabilité de ce que nous désirons ardemment, nous finissons, comme le dit l'expression vulgaire, par prendre nos désirs pour des réalités.

Sans cette exagération, sans les illusions dont notre imagination aime à se bercer, la vie serait peut-être intenable; il est fort heureux que nos espérances ne soient pas trop mathématiques et que les probabilités que crée notre pensée soient inanalysables et hyperconnexes.

Lorsqu'une espérance est négative, c'est-à-dire lorsqu'il s'agit d'une crainte, d'un malheur que l'on appréhende, d'un danger que l'on redoute, il est rare que l'on en exagère l'importance. C'est là encore une grâce, un bienfait qui aide à vivre.

Parmi les différents facteurs qui influent sur nos espérances, il faut spécialement considérer le temps. Le temps agit sur notre imagination de façon curieuse et un espoir diffère beaucoup d'une espérance mathématique quand le temps y joue un grand rôle.

Au point de vue mathématique, l'influence du temps se traduit d'une manière très simple.

On escompte à intérêt composé une espérance mathématique comme une somme d'argent nécessairement réalisable; on obtient ainsi sa valeur actuelle.

C'est sur ce principe que sont basés les calculs d'assurances. Si l'on a une chance sur 10 de gagner 100.000 francs dans cinq ans, cette espérance vaudra 10.000 francs dans cinq ans. En escomptant cette somme de 10.000 francs à intérêt composé, on obtient la valeur actuelle de l'espérance.

C'est fort simple, mais quand il s'agit, plus généralement, d'un espoir, notre imagination complique beaucoup les choses ; elle dédaigne les progressions géométriques et ses formules d'escompte sont transcendanto-transcendantes.

Si les fonctions analytiques que fait naître notre pensée ne sont exprimables ni algébriquement, ni d'aucune manière, elles n'en ont pas moins toutes une même allure générale tenant à ce qu'elles sont d'origine humaine.

De même que nous avons tous à peu près le même squelette et le même système artériel, de même nous ressentons de façon analogue les impressions heureuses et pénibles. Il en résulte que les lois d'escompte relatives à nos désirs présentent quelques caractères généraux :

Quand l'époque de la réalisation possible du désir est trop lointaine, nous n'attachons à l'espérance que fort peu de prix. La brièveté de la vie, l'incertitude de l'avenir en sont peut-être les causes.

L'espérance mathématique d'un gain éventuel va constamment en croissant, jusqu'au moment où le sort décide si le gain est réalisé ou non. A cet instant, si le sort est favorable, l'espérance mathématique croît brusquement et acquiert la valeur même du gain. Si le sort est défavorable, elle tombe tout d'un coup à zéro.

Ce n'est pas ce qui se produit d'ordinaire quand il s'agit d'un désir : bien souvent, au moment de la réalisation du désir, le rêve s'évanouit et fait place à la désillusion. Il y a chute d'espérance même quand tout est favorable.

L'époque à laquelle doit se produire l'événement heureux peut être incertaine et cette incertitude peut avoir une grande influence sur l'espérance. En général, au delà d'un certain temps, le désir perd de son intensité; un événement heureux trop longtemps attendu est souvent accueilli avec indifférence.

En résumé, on ne peut, avec exactitude, assimiler un désir qui est nécessairement complexe à une espérance mathématique qui est infiniment simple.

Il n'en est pas moins vrai que l'espérance mathématique, par suite, précisément, de sa simplicité, donne à l'idée générale d'espérance une sorte de représentation analytique très expressive et très claire.

# CHAPITRE VII

## LA CHANCE

Que doit-on entendre par « avoir de la chance? »
Le calcul des probabilités peut-il préciser quelque
peu le sens vague que nous attachons à ces termes
et lui est-il possible d'apporter quelque clarté à
la conception d'une idée si mal définie et si incertaine ?

Il est difficile de préciser ce sujet et il semble
que les mathématiques ne peuvent pas ajouter
grand'chose aux indications du bon sens ; le bon
sens bannissant toute idée mystique ou superstitieuse.

Il y a des moments dans la vie où le moindre
fait, où le plus petit événement peuvent avoir une
répercussion considérable sur le bonheur futur. A
ces instants, on a l'impression bien nette d'être à

la merci du hasard, comme si le sort devait être
décidé par un coup de dés. On a de la chance
lorsque le hasard est favorable, comme s'il s'agissait d'un jeu.

A certains moments critiques, le hasard nous
apparaît dans toute sa force, d'autant plus effrayante
qu'elle est insaisissable et que nous sommes désar-
més contre elle ; mais le hasard existe toujours et
partout et l'on peut en retrouver la trace à chaque
instant comme dans les moindres choses.

Un individu a de la chance quand les hasards
qui influent sur le cours de sa vie lui sont plus
favorables qu'ils ne le sont d'ordinaire ; il a de la
chance dans la vie comme il en aurait à un jeu.
Les hasards favorables seraient ainsi assimilés à
des gains, les hasards défavorables à des pertes.

De même que, dans un jeu, on ne peut gagner
sans intermission et d'une façon continue, de même
la fortune, sous ses multiples manifestations, ne
peut favoriser constamment un même individu
sans quelques alternances et sans quelques retours.
La comparaison de la vie à un jeu de hasard
semble, pour cette raison, assez justifiée. Mais si
le jeu donne une image très simple permettant de
se faire une idée de ce que peut être la chance,
il ne faut pas, sans quelques réserves, pousser
trop loin l'assimilation : la chance d'aujourd'hui

contribue au bonheur de demain, les parties successives du jeu ne sont pas indépendantes et leur
dépendance est trop complexe pour que nous puissions l'analyser. Nous devons nous contenter d'une
idée d'ensemble : la chance actuelle semble favoriser la chance future et l'adversité présente semble
annoncer l'infortune dans l'avenir.

Ainsi une grande maladie, affaiblissant pour
longtemps l'organisme, rend l'avenir beaucoup
plus sombre.

Prenons l'individu à sa naissance : il naît avec
des qualités physiques et morales dont l'effet
durera toute sa vie, cette première partie qu'il
joue inconsciemment a une extrême importance,
le bonheur de toute son existence en dépend.

C'est à ce moment surtout qu'il peut avoir de la
chance.

A chaque instant, dans la suite, il jouerait une
nouvelle partie, mais ses enjeux seraient très
inégaux ; parfois il jouerait très gros jeu sans s'en
douter, passant auprès d'un danger qu'il ne soup-
çonne même pas.

Son habileté, parfois même son intelligence
pourraient rendre le jeu plus favorable, le hasard
pour cela ne perdrait pas ses droits.

Ce qui domine dans le jeu considéré, ce qui en
est la caractéristique générale, c'est que les pertes

antérieures rendent plus probables les pertes actuelles ; les écarts ont une tendance à devenir plus grands qu'ils ne le seraient si le hasard seul en était la cause.

Dans la théorie générale des probabilités, on se bornait autrefois à considérer les jeux dont les parties successives sont indépendantes, c'est-à-dire à étudier uniquement l'effet du hasard seul. Le cas où le hasard agit seul est un cas limite et l'idée m'est venue, il y a quelques années, d'étudier des cas où le hasard agit concurremment avec d'autres causes, ces causes pouvant influer sur l'effet du hasard comme le hasard peut avoir une influence sur elles.

J'ai nommé *probabilités connexes* ces probabilités qui ne dépendent pas uniquement du hasard et il m'a été possible d'étudier plusieurs classes de ces probabilités.

Le domaine des probabilités connexes est immense, il s'étend du hasard pur à la connaissance absolue.

Le peu que nous puissions connaître sur ces probabilités permet cependant de préciser, dans une certaine mesure, le problème de la chance :

Dans un des chapitres de mon traité du *Calcul des probabilités*, j'étudie le cas d'un jeu où, à chaque instant, l'effet du hasard dépend de la

résultante des effets antérieurs ; un bénéfice antérieur rend plus probable un bénéfice pour la partie
considérée, une perte antérieure rend plus probable une perte.

C'est l'équivalent qui se produit en général dans
la vie, la chance d'aujourd'hui favorise la chance
de demain.

La théorie permettrait de tenir compte de la
façon dont peut varier avec le temps ce qui reste
des faits antérieurs ; ses formules contiennent deux
fonctions arbitraires du temps qui leur donnent
une belle élégance et une grande généralité, mais
cette généralité n'est que relative, elle est tout à fait
insuffisante pour représenter les hasards de la vie.

Dans un chapitre suivant du même livre, j'étudie
le cas où les conditions du jeu à chaque partie
dépendent de la perte maximum antérieure. L'équivalent se rencontre dans la vie, il est rare que le
moment où l'on a subi les plus grands malheurs
ne laisse pas une trace durable : un homme défi-
guré dans un accident de chemin de fer en garde
toute sa vie une infériorité.

La théorie des probabilités connexes ne permet
évidemment pas de faire une théorie précise de la
chance, elle permet cependant d'améliorer dans
une grande mesure cette image, déjà ancienne,
où la vie est comparée à un jeu.

## § 1. — Le bonheur.

La chance d'un individu doit être appréciée par les autres ; lorsqu'elle est appréciée par l'intéressé lui-même ou plutôt rapportée à lui, la chance devient le bonheur.

Le bonheur (le malheur quand il est négatif) varie entre des limites plus resserrées que la chance ; le pauvre a beaucoup moins de chance que le riche, il n'a pas nécessairement beaucoup moins de bonheur.

Le bonheur dépend de la chance, mais d'après des lois qui tiennent non seulement à l'individu considéré, mais aussi à une infinité d'autres causes.

Si l'on voulait absolument donner au problème de la chance et du bonheur une image mathématique (nécessairement très simplifiée), il faudrait avoir recours à ce que j'ai nommé la théorie des probabilités dynamiques.

On y considère deux quantités qui dépendent l'une de l'autre et qui dépendent aussi du hasard ; l'une des quantités, celle dont la variation est la plus rapide, représenterait la chance, l'autre représenterait le bonheur.

Ces quantités ne sont pas unies par un lien rigide, elles sont simplement connexes ; le hasard

établit entre elles une sorte de lien élastique;
quand on connaît la valeur de l'une on ne connaît
pas la valeur de l'autre, mais on connaît les probabilités de toutes les valeurs de l'autre.

Quand l'une a une grande valeur, l'autre a probablement une grande valeur.

C'est précisément ce qui se produit pour la
chance et le bonheur, une simple connexité les
unit, un lien très élastique : une grande chance
rend probable un grand bonheur, mais ne le rend
pas certain.

L'assimilation est cependant des plus vagues;
si on l'admettait, ce serait le bonheur et non la
chance qui varierait comme les gains et les pertes
à un jeu de hasard pur.

Comme l'indique le bon sens, le calcul est trop
précis et son champ d'action trop restreint pour
pouvoir apporter une contribution très utile à
un sujet aussi mal défini que celui de la chance et
du bonheur.

Revenons à des considérations moins abstraites :
il est ridicule d'attacher une idée superstitieuse à
l'idée de fortune et d'adversité ou de croire que la
chance et la malchance sont, pour ainsi dire,
inhérentes à l'individu comme ses qualités physiques ou morales.

Certains semblent poursuivis par l'adversité, mais si ce fait n'est pas niable, il ne faut pas en conclure qu'un mauvais génie s'est attaché à leur sort; le hasard leur a été défavorable et le malheur souvent entraîne le malheur.

Bien des idées vulgaires seraient très raisonnables et très sages si, dans le sens qu'on leur attribue, ne se mêlait une pensée superstitieuse.

On dit communément qu'un malheur n'arrive jamais seul.

L'idée de nature mystique que l'on attache à ce proverbe est simplement ridicule, mais le proverbe, pourtant, a un fonds de vérité.

Un malheur souvent en entraîne un autre ou le rend plus probable; une guerre, autrefois, était toujours suivie de la famine ou de la peste; une maladie peut causer un grave préjudice à des intérêts matériels. On pourrait multiplier les exemples, le proverbe appliqué à de tels cas est incontestablement sensé.

Quand il s'agit de malheurs n'ayant aucune dépendance, le proverbe, ridicule *a priori*, est contredit par les faits, il suffit d'un peu d'esprit d'observation pour s'en convaincre.

En général, on remarque deux malheurs successifs. Quand un seul malheur arrive, on ne remarque pas qu'il n'est pas suivi d'un autre, de

sorte que le premier cas paraît relativement plus
fréquent qu'il ne l'est dans la réalité. C'est le genre
d'illusion sur lequel s'est étendu Laplace dans son
*Essai philosophique*; ce genre d'illusion se rencontre partout; on remarque l'arrivée d'un fait,
on ne remarque pas sa non-arrivée.

D'ailleurs, celui qui vient de subir un malheur
se trouve dans de mauvaises conditions pour
observer, et s'il attache au proverbe une idée mystique, les preuves adverses n'y changeront à peu
près rien. Comme l'a fort bien observé le D$^r$ Gustave Le Bon dans son bel ouvrage sur *les Opinions
et les Croyances*, les idées d'origine mystique, une
fois ancrées, sont à peu près indéracinables; l'observation des faits n'a pas plus d'action sur elles
que n'en ont les arguments les plus probants et
les plus rationnels.

# CHAPITRE VIII

## LES VALEURS MOYENNES

La notion de valeur moyenne a une grande importance, la valeur moyenne donnant souvent, à elle seule, une idée générale d'un ensemble de valeurs.

On conçoit que la connaissance d'une valeur moyenne ne peut remplacer la connaissance de chacun des éléments qu'elle résume, mais que, pour cette raison même, une valeur moyenne pourra bien souvent être calculée indépendamment de la connaissance de ces éléments.

Dans bien des cas on pourra déterminer une valeur moyenne sans être obligé de résoudre le problème de probabilité correspondant, de même que, dans bien des cas, on peut se faire une idée générale d'un sujet sans être obligé d'en approfondir les détails.

La notion de valeur moyenne est analogue à la notion de centre de gravité en mécanique; lorsqu'on connaît le mouvement du centre de gravité on peut se former une idée d'ensemble sur le mouvement d'un système; lorsqu'on connaît la valeur moyenne, on peut se former une idée d'ensemble sur un résultat qui doit dépendre du hasard.

Définissons d'une façon précise et mathématique ce que l'on entend par valeur moyenne :

La valeur moyenne d'une quantité est la somme des produits des différentes valeurs de cette quantité par les probabilités correspondantes.

Si une longueur est susceptible de prendre les trois valeurs 102, 106, 108 auxquelles correspondent les probabilités 1/8, 4/8, 3/8, la valeur moyenne de la longueur est $102 \times 1/8 + 106 \times 4/8 + 108 \times 3/8$ ou 106,25.

On peut dire que la valeur moyenne d'une quantité est l'espérance mathématique d'un joueur qui devrait recevoir une somme égale à cette quantité.

On voit, par l'exemple précédent, que la valeur moyenne d'une quantité n'est généralement pas une valeur possible de cette quantité, de même que le centre de gravité de plusieurs points matériels n'est généralement pas situé en l'un de ces points.

Il ne faut pas confondre la valeur moyenne d'une quantité avec la *valeur la plus probable* de cette quantité (106 dans l'exemple précédent) ni avec la *valeur probable* de cette quantité.

La valeur probable a, par définition, autant de chances d'être ou de ne pas être dépassée ; on ne peut pas toujours la déterminer exactement, il en est ainsi dans l'exemple précédent.

(Depuis une vingtaine d'années, quelques auteurs emploient par moments le terme de valeur pro-bable au lieu de valeur moyenne. Cette façon de s'exprimer ne présente que des inconvénients, il semble qu'on l'ait inventée pour mettre, à plaisir, les définitions en contradiction avec elles-mêmes et qu'on se soit ingénié à introduire malicieusement une confusion entre deux termes dont la signifi-cation est très claire. Lorsque, après avoir défini la valeur probable comme une espérance mathé-matique, on définit l'écart moyen et l'écart pro-bable, l'erreur moyenne et l'erreur probable, la vie moyenne et la vie probable, on emploie deux définitions contradictoires, ou plutôt on donne au même mot deux acceptions différentes alors qu'il serait si simple de donner à chaque mot l'accep-tion unique qui lui convient.)

(Il est également regrettable que l'on désigne

d'ordinaire, en Astronomie, par les expressions d'erreur moyenne et de moyenne erreur deux quantités absolument différentes. Ici encore il semble que l'on se soit ingénié à employer deux termes prêtant à équivoque, alors qu'aucune confusion ne serait possible en faisant usage des expressions d'erreur moyenne et d'erreur quadratique dont le sens se définit de lui-même.)

Les notions de valeur moyenne et d'espérance mathématique sont analogues et même identiques. L'espérance mathématique est la valeur moyenne d'un gain. Inversement, il y a souvent avantage à assimiler la quantité dont on cherche la valeur moyenne à une somme d'argent, surtout lorsqu'on veut faire appel à la propriété d'addition des espérances mathématiques.

Les espérances mathématiques qui sont des sommes d'argent fictives s'ajoutent comme des sommes d'argent ordinaires.

Les valeurs moyennes s'ajoutent également, mais leur propriété d'addition paraît moins évidente.

Un exemple, dont le résultat est d'ailleurs très important, montrera l'intérêt que présente cette propriété d'addition.

La probabilité d'un événement est $p$ à chaque épreuve, quelle est la valeur moyenne du nombre des arrivées de l'événement en $m$ épreuves?

Il est inutile de calculer la valeur moyenne d'après sa définition : imaginons un joueur qui toucherait un franc quand l'événement se produit et qui ne toucherait rien quand il ne se produit pas; si l'événement se produit $n$ fois, le joueur gagne $n$ francs, la valeur moyenne du nombre des arrivées de l'événement est la valeur moyenne du gain du joueur ou son espérance mathématique.

Le joueur ayant probabilité $p$ de gagner un franc à chaque épreuve (ou, si l'on veut, à chaque partie), son espérance mathématique pour une partie est $p$, et pour $m$ parties identiques elle est $mp$.

La valeur moyenne du nombre des arrivées de l'événement est donc $mp$.

L'événement contraire, c'est-à-dire la non-arrivée de l'événement considéré, a pour probabilité $1-p$, la valeur moyenne du nombre des arrivées de cet événement contraire est $m(1-p)$, on peut donc énoncer cette loi presque évidente :

*En moyenne, les événements se produisent en nombres proportionnels à leurs probabilités.*

On démontre que cette quantité $mp$ est aussi la valeur la plus probable du nombre des arrivées de l'événement de probabilité $p$ en $m$ épreuves (à une unité près, car $mp$ est généralement fractionnaire); cette quantité est donc, en quelque sorte, la valeur *normale* du nombre des arrivées de l'événement.

Dans l'exemple qui précède, on aurait pu calculer assez facilement la valeur moyenne en se basant sur sa définition; il n'en serait plus de même si la probabilité de l'événement variait d'une épreuve à l'autre, si elle était $p_1$ à la première épreuve, $p_2$ à la deuxième,... $p_m$ à la dernière. Il serait alors très pénible de calculer directement la valeur moyenne du nombre des arrivées de l'événement dans les $m$ épreuves.

Au contraire, si nous imaginons comme précédemment un joueur qui gagnerait un franc quand l'événement se produit et qui ne gagnerait rien quand il ne se produit pas, le problème ne présente plus la moindre difficulté; la valeur moyenne cherchée est $p_1 + p_2 + \ldots + p_m$.

Le problème, en quelque sorte, inverse du précédent, est également intéressant : si la probabilité d'un événement est $p$ à chaque épreuve, la valeur moyenne du nombre des épreuves qu'il faut tenter pour voir l'événement se produire est $1/p$.

Si, par exemple, la probabilité d'un événement est 1/100, il faudra, en moyenne, tenter cent épreuves pour que l'événement se produise. Vraisemblablement, un nombre moindre d'épreuves sera nécessaire, car il y a une chance sur deux pour que l'événement se produise avant 70 épreuves (en d'autres termes, la valeur probable est 70), mais la valeur moyenne tient compte des cas où, par suite d'un caprice du hasard, il faudrait attendre fort longtemps pour voir l'événement se produire.

On comprend, par cet exemple, qu'il faut se garder .d'attribuer aux expressions de valeur moyenne et de valeur probable un sens différent de celui que leur confère la définition; ni l'une ni l'autre ne correspond d'une façon nécessaire à l'idée vague de valeur vraisemblable.

On peut faire la même remarque relativement à la valeur la plus probable, elle peut être très éloignée de l'ensemble des autres, elle peut être tout à fait isolée, de même qu'elle peut être très peu probable, quoique plus probable que les autres valeurs.

## § 1. — Vie probable.

Imaginons un groupe de cent mille individus âgés de vingt ans; la moitié d'entre eux dépassera l'âge de 66 ans, la moitié d'entre eux survivra donc plus de 46 ans. On dit que la vie probable à vingt ans est 46 ans.

Supposons un groupe d'individus âgés de trente ans; la moitié d'entre eux dépassera l'âge de 68 ans; la vie probable à trente ans est donc 38 ans.

D'une façon générale, la « vie probable » d'un groupe d'un certain âge, est le nombre d'années au bout duquel le groupe sera réduit de moitié.

Cette définition est en conformité avec la définition générale de la valeur probable, c'est-à-dire de la valeur qui a égale chance d'être ou de ne pas être dépassée.

## § 2. — Vie moyenne.

Considérons encore un groupe de cent mille individus âgés de vingt ans; les uns survivront un an seulement, d'autres deux ans, d'autres trois, etc. Nommons « survie » d'un individu le nombre d'années qu'il vivra après son âge actuel de vingt ans, ou encore, sa vie totale diminuée de vingt ans.

Si l'on additionne les survies de ces cent mille individus et si l'on divise le résultat par cent mille, en d'autres termes, si l'on prend la moyenne arithmétique des survies, on obtient la « vie moyenne » à vingt ans.

D'une façon générale, la vie moyenne d'un groupe d'un certain âge est la moyenne arithmétique des survies des individus constituant le groupe.

On ramène facilement cette définition à la définition générale des valeurs moyennes : la vie moyenne est l'espérance de survie.

A vingt ans, la vie moyenne est 43 ans ; à trente ans, elle est 36 ans.

A la naissance, la vie probable est 55 ans et la vie moyenne, 47 ans.

(Si, à l'exemple de certains auteurs, on emploie l'expression de valeur probable au lieu de valeur moyenne, on est obligé, après avoir défini la vie probable comme nous l'avons fait, de spécifier que la vie moyenne est la valeur probable de la vie, qu'il faut bien se garder de confondre la vie probable avec la valeur probable de la vie. Je l'ai déjà remarqué, il semble que l'on se soit ingénié à introduire une confusion entre des termes dont la signification est très claire.)

# CHAPITRE IX

## LES ORIGINES DU CALCUL DES PROBABILITÉS

Deux questions fort judicieuses, posées il y a environ deux siècles et demi à Pascal par le chevalier de Méré, homme d'esprit et joueur célèbre, ont été l'occasion des premières recherches sur le calcul des probabilités.

Une première difficulté étonna M. de Méré : Nous avons vu que la valeur moyenne du nombre d'épreuves qu'il faut tenter pour voir un événement se produire est l'inverse de sa probabilité. Si, par exemple, la probabilité d'un événement est 1/100, il faut tenter, en moyenne cent épreuves pour que l'événement se produise, mais vraisemblablement l'événement se produira en un nombre d'épreuves moindre; il y a une chance sur deux pour qu'il se produise avant la soixante-dixième

épreuve et une chance sur deux pour qu'il se produise après. La valeur probable du nombre
d'épreuves est donc de 70.

De Méré trouvait paradoxal que la valeur probable ne soit pas proportionnelle à l'inverse de la
probabilité. Par exemple, lorsque la probabilité
est 1/2, il y a égale chance pour que l'événement se
produise à la première épreuve, ou pour qu'il se
produise ensuite. D'après l'idée de Méré, on
devrait pouvoir en conclure que si la probabilité
de l'événement est 1/100, il y a égale chance pour
que cet événement se produise avant cinquante
épreuves ou pour qu'il se produise après, parce
que 50 est à 100 ce que 1 est à 2.

La valeur probable est, comme nous l'avons vu,
70 épreuves et non 50 ; elle ne varie pas, comme
la valeur moyenne, en raison inverse de la probabilité.

La question posée par de Méré n'embarrassa pas
Pascal. Voici ce qu'il écrivit à Fermat :

« Je n'ai pas le temps de vous envoyer la
démonstration d'une difficulté qui étonnait fort
M. de Méré ; car il a un très bon esprit, mais il
n'est pas géomètre. C'est, comme vous savez, un
grand défaut. Il me disait donc qu'il avait trouvé
difficulté sur les nombres pour cette raison : Si
l'on entreprend de faire 6 avec un dé, il y a avan-

tage de l'entreprendre par quatre coups. Si l'on entreprend de faire « sonnez » (double six) avec deux dés, il y a désavantage de l'entreprendre en vingt-quatre coups, et néanmoins 24 est à 36, qui est le nombre des faces de deux dés, comme 4 est à 6, qui est le nombre des faces d'un dé.

« Voilà quel était son grand scandale et qui lui faisait dire hautement que les propositions n'étaient pas constantes et que l'Arithmétique se dément. »

De Méré prenait pour principe une idée qui est exacte quand il s'agit de la valeur moyenne, mais qui est inexacte quand il s'agit de la valeur probable.

Il faut cependant reconnaître que l'idée de Méré, erronée quand il s'agit de grandes probabilités, s'approche de plus en plus de la vérité quand on considère des probabilités de plus en plus petites.

Si la probabilité d'un événement est 1/100, la valeur probable du nombre des épreuves qu'il faut tenter pour voir l'événement se produire est 70, c'est-à-dire que l'on peut parier à égalité que l'événement se produira dans les soixante-dix premières épreuves ou qu'il ne se produira qu'ensuite.

Si la probabilité est moitié moindre, la valeur probable sera à très peu près le double ; si la probabilité est trois fois moindre, la valeur probable sera à peu près le triple, etc.

D'une façon générale, si la probabilité d'un événement est $p$ à chaque épreuve, $p$ étant inférieur à 1/100 (et même pratiquement à 1/25), la valeur probable du nombre des épreuves qu'il faut tenter pour voir l'événement se produire est à très peu près $0,7/p$.

Si, par exemple, la probabilité d'un événement est 1/400, on peut parier à égalité que cet événement se produira avant 280 épreuves.

La valeur moyenne serait dans le même cas 400 épreuves; on peut encore dire qu'en moyenne l'événement se produirait en 400 épreuves.

## § 1. — **Problème des partis.**

La seconde question posée à Pascal par M. de Méré est devenue classique sous le nom de « problème des partis ». Je vais présenter ce problème sous une forme qui en fera comprendre le côté délicat et qui montrera que, suivant le mot célèbre de Laplace, « un des grands avantages du calcul des probabilités est d'apprendre à se défier des premiers aperçus ».

Les joueurs A et B jouent à un jeu quelconque

(pour fixer les idées, à l'écarté). B est moitié moins habile que A, c'est-à-dire que, à chaque partie, A a deux chances sur trois de gagner, et B une chance sur trois.

Dans ces conditions, il semble tout naturel de penser que A doit rendre deux points sur quatre à son adversaire ; c'est cependant inexact.

S'il lui rendait deux points sur quatre, il n'aurait que 112 chances de gagner contre 131.

S'il lui rendait trois points sur six, il n'aurait que 3.072 chances de gagner, contre 3.489.

Si le nombre des parties devait être assez grand, le joueur A pourrait, sans sérieux dommage, rendre la moitié des points à son adversaire ; il ne le peut sans désavantage quand le nombre des parties est petit.

Pascal résolut le problème des partis et le proposa à Fermat qui le résolut de son côté et alla même plus loin; Pascal et Fermat sont considérés comme les fondateurs du calcul des probabilités. Antérieurement, Cardan, Galilée et peut-être quelques autres connaissaient les chances dans les cas les plus simples sur les jeux de dés, mais on ne peut considérer les quelques notions qu'ils pouvaient avoir comme constituant les bases d'une science.

Peu de temps après Pascal, Huyghens publia le

premier traité sur le calcul des probabilités. C'était
un petit livre contenant la solution de quelques
problèmes sur les jeux.

Jacques Bernoulli et de Montmort sont les premiers qui aient fait connaître des formules générales pour la résolution du problème des partis ;
les formules obtenues par ces deux savants sont
basées sur des raisonnements très différents et
sont apparemment très dissemblables.

Voici à peu près l'énoncé primitif du problème
des partis : Deux joueurs, C et D, également
habiles (c'est-à-dire ayant à chaque partie égale
chance de gain ou de perte), mettent chacun
10 francs sur le jeu ; le gagnant touchera
20 francs.

Le gagnant sera le premier qui marquera cinq
points.

Pour une raison quelconque, les joueurs sont
obligés de se séparer avant que le jeu soit terminé, le joueur C ayant, par exemple, marqué
trois points, et le joueur D deux points. Dans
quelle proportion doivent-ils équitablement par-
tager les 20 francs?

Il est évident que le joueur C, qui n'avait plus
que deux points à marquer alors que le joueur D
en avait encore trois, doit toucher plus de
10 francs.

Ce que l'on nomme le parti du joueur C est la part des 20 francs qu'il doit équitablement toucher, c'est son espérance mathématique ; dans le cas actuel, cette espérance est 13 fr. 75.

Présentons encore le problème des partis sous une autre forme : Un candidat à un examen résout, en moyenne, deux questions sur trois, de sorte que la probabilité pour qu'il résolve une question est 2/3.

A l'examen, on pose trois questions, et le candidat, pour être reçu, doit en résoudre deux.

Il ne faudrait pas croire que le candidat a une chance sur deux d'être reçu ; ce serait à peu près vrai si, lui posant trente questions, on exigeait qu'il en connaisse vingt ; le petit nombre des questions l'avantage dans une très forte proportion, il a vingt chances sur vingt-sept d'être reçu.

Si, posant six questions au candidat, on exigeait qu'il en connaisse quatre, il aurait encore près de sept chances sur dix d'être reçu.

Les candidats malheureux dans les examens ou les concours ne manquent jamais d'attribuer au hasard la cause de leur insuccès. Il faut bien avouer que la part laissée au hasard dans presque tous les examens ou concours leur ôte tout caractère réellement sérieux ; il faudrait au moins doubler la durée des épreuves écrites pour pouvoir, peut-être, obtenir un classement à peu près équitable.

Il faut toujours craindre que, sous prétexte d'amélioration, on ne cherche à remplacer en partie l'influence du hasard, qui est indifférente et impartiale, par quelque chose de systématiquement absurde. Le public, habitué à l'erreur et à l'illogisme, s'inquiète même assez peu de l'injustice, mais le hasard lui déplaît. Quand on veut discréditer un examen on le compare à une loterie, l'argument est décisif.

Je me garderai de m'étendre sur la question des concours; encore moins perdrai-je mon temps à faire le procès des modes de recrutement des fonctionnaires; je me contenterai de remarquer qu'un concours peut être triplement critiquable : par son but, par son programme, par son procédé.

Il est déplorable par son but quand il doit définitivement exclure d'une carrière des hommes d'une grande valeur qui, pour des raisons que l'on conçoit multiples, n'ont pu prendre part à ce concours.

Je n'ai pas à critiquer les programmes, fort heureusement leur étude ne rentre pas dans notre cadre; certains programmes, d'ailleurs, portent en eux-mêmes leur critique, puisqu'on éprouve le besoin de les transformer tous les deux ou trois ans.

En admettant même que le but du concours soit excellent et le programme irréprochable, presque toujours le résultat dépend beaucoup trop du hasard pour qu'on puisse le prendre au sérieux.

Le public, qui considère le concours comme un procédé idéal, tant au point de vue de la sélection qu'au point de vue de l'équité, se montre quelque peu optimiste. Les remarques qui précèdent mettent en évidence la nature de ses illusions.

# CHAPITRE X

## MARTINGALES ET LOTERIES

De toutes les combinaisons possibles, de tous les systèmes que peut créer l'imagination des joueurs, c'est la martingale qui permet d'obtenir les plus gros bénéfices. Par un juste retour, c'est elle aussi qui mène le plus rapidement le joueur à sa perte.

On sait les conditions du jeu : le joueur risque constamment la totalité de ce qu'il possède, mise primitive et bénéfices; il joue ainsi le plus gros jeu possible; il peut s'arrêter après un certain nombre de parties ou, en théorie, il peut continuer à jouer indéfiniment.

La ruine du joueur de martingale est certaine s'il ne se fixe d'avance un nombre maximum de parties à jouer; si $p$ désigne la probabilité pour qu'il gagne une partie, la probabilité pour qu'il gagne $n$ parties de suite est $p^n$. Cette probabilité tend vers zéro quand $n$ augmente.

Si le jeu est désavantageux à chaque partie, la martingale est désavantageuse, elle est même plus désavantageuse que toute autre combinaison à égalité du nombre des parties jouées.

Si le jeu est équitable, la martingale est évidemment équitable, la probabilité de ruine du joueur tend vers la certitude en même temps que le gain espéré par lui croît indéfiniment.

Si le jeu est avantageux à chaque partie, la martingale est avantageuse, elle est même plus avantageuse que toute autre combinaison à égalité du nombre des parties jouées.

Ce résultat est en complète contradiction avec les règles de la prudence. Un joueur possédant 1.000 francs et jouant 10 francs par partie à un jeu analogue à pile ou face mais l'avantageant un peu serait presque certain de ne pas être ruiné et même de gagner une fortune.

Un autre joueur, dans les mêmes conditions, jouant ses 1.000 francs d'un coup et faisant la martingale n'irait probablement pas loin : il n'y aurait pas une chance sur mille pour qu'il joue plus de dix parties.

La conclusion du calcul est cependant inatta-quable ; la martingale est beaucoup plus avantageuse, la prudence donne raison au premier joueur, le calcul approuve le second.

Si, par un hasard fabuleux, le second joueur n'était pas ruiné en jouant 142 parties, il aurait gagné un bloc d'or cent milliards de fois plus gros que le soleil; que peut être, auprès d'une telle espérance, la presque certitude de gagner quelques misérables millions?

Les conditions d'un jeu peuvent être avantageuses et déraisonnables. Ce dernier terme n'ayant pas un sens précis ne peut être traduit en formule, le calcul fait connaître les probabilités des résultats possibles des jeux, c'est à la raison de conclure.

La martingale pure, à progression géométrique, celle que nous venons d'étudier est si rapide, ses chances de gain sont si minimes, que la plupart des joueurs lui préfèrent des martingales moins ascendantes, en progression arithmétique, par exemple.

Le joueur ayant risqué 1.000 francs et venant d'en gagner 1.000 ne jouera pas 2.000 francs à la partie suivante, mais seulement 1.500 francs. S'il gagne encore il jouera 2.000 francs, s'il gagne encore il jouera 2.500 francs seulement, etc. Il pourra ainsi se constituer une sorte de réserve qui lui permettra de lutter plus longtemps contre la fortune adverse ou même de gagner, si possible.

Lorsque le jeu est équitable à chaque partie, il est équitable dans son ensemble; aucune combinaison, martingale ascendante ou descendante, progression arithmétique ou géométrique ou quelconque n'y peut rien changer. Dans ces conditions, si le joueur ne se fixe pas d'avance un nombre maximum de parties ou un gain maximum, sa ruine, à la longue, est certaine.

Elle est certaine à plus forte raison et beaucoup plus rapide si le jeu est désavantageux à chaque partie, ce qui est le cas ordinaire pour les jeux pratiqués dans les cercles, dans les maisons de jeu et les casinos.

Lorsque le jeu est avantageux à chaque partie, toute combinaison est avantageuse. En général, si le joueur ne se fixe pas d'avance un nombre maximum de parties sa ruine n'est pas certaine et on peut même la tenir pour impossible s'il ne joue jamais qu'une faible fraction de son capital.

Pour un nombre donné de parties, le jeu est, au point de vue mathématique, d'autant plus avantageux qu'il est plus dangereux. Il n'y a dans ce résultat rien de paradoxal, au contraire; quand le joueur veut, pour ainsi dire, abuser de l'avantage que lui réserve le jeu et en retirer une trop grande espérance mathématique, par une juste compensation, le danger apparaît.

La martingale est la cause unique des grosses fortunes, on ne leur connut jamais d'autre origine ; que la martingale prenne la forme industrielle, commerciale ou financière, c'est toujours, en réalité, d'un jeu qu'il s'agit.

Pour devenir très riche, il faut être favorisé par des concours de circonstances extraordinaires et par des hasards constamment heureux.

Jamais un homme n'est devenu très riche par sa valeur.

### § 1. — Les loteries.

Les loteries, en France, sont organisées, à peu près exclusivement, par des œuvres de bienfaisance, le billet de 1 franc ne vaut ordinairement que le tiers de cette somme. L'acheteur s'en soucie peu ; en payant son billet l'idée ne lui vient pas de faire une bonne spéculation, pas plus que d'accomplir un devoir de charité : ce qu'il achète, c'est en réalité un peu d'espoir, la possibilité, s'il a de l'imagination, de « bâtir des châteaux en Espagne, » la certitude aussi d'éprouver quelque émotion en lisant la liste des tirages.

Tout bien pesé, l'acheteur en a pour son argent; un lot d'un million l'attire plus que dix lots de cent mille francs qui lui donneraient la même espérance mathématique mais qui ne lui permettraient pas les mêmes rêves.

Avant la Révolution, une loterie organisée par l'État sous le nom de Loterie de France fonctionnait en permanence. Cette loterie, supprimée en 1793, rétablie en 1797 fut supprimée définitivement en 1839.

Plusieurs combinaisons étaient possibles, la moins désavantageuse, l'*extrait simple* donnait une chance sur 18 de gagner 15 fois la mise.

L'*extrait déterminé* donnait une chance sur 90 de gagner 70 fois la mise. L'*ambe* donnait une chance sur 400 de gagner 270 fois la mise. Le *terne* donnait une chance sur environ 12.000 de gagner 5.500 fois la mise et le *quaterne* une chance environ sur 500.000 de gagner 75.000 fois la mise.

On voit dans quelles proportions la loterie était désavantageuse pour le public.

Autrefois certains États organisaient des loteries et les justifiaient par des raisonnements dans le genre du suivant dont je laisse l'appréciation au lecteur : « Il n'est rien de plus souhaitable que le bonheur du peuple et les efforts du gouvernement

doivent tendre vers la réalisation de ce bonheur.
Par quel procédé y parvenir ? L'amélioration du
bien-être matériel est laborieuse et pénible ; il y a
un moyen de donner du bonheur aux humbles,
c'est de leur donner de l'espoir. Seule la loterie
peut leur donner l'espérance de devenir riches,
de s'affranchir de toute servitude et de réaliser leur
idéal de liberté ».

La loterie, d'après ces principes, était doublement utile, elle procurait en même temps un avantage moral au peuple et un avantage pécuniaire à
l'État.

Cette façon de voir était partagée par d'honnêtes
gens, elle est d'ailleurs très soutenable. L'opinion
qui prévaut aujourd'hui est qu'un gouvernement ne
doit tolérer aucune loterie.

L'État, en interdisant les loteries devrait, en
bonne logique, s'opposer à l'émission de valeurs à
lots et même de valeurs présentant une forte prime
au remboursement. L'État, par principe, doit
s'opposer au jeu, vouloir le supprimer serait une
utopie. Toute opération commerciale, financière ou
industrielle comporte un aléa, elle est donc toujours,
à un certain point de vue, comparable à un jeu.

Les sommes jouées aux courses et dans les maisons de jeu vont en s'accroissant d'année en année

suivant une progression régulière et rapide, plus rapide peut-être que la progression de la fortune publique. Il ne semble pas que l'évolution actuelle ait une influence très heureuse sur la passion du jeu, la complication de la vie moderne en favoriserait plutôt l'aggravation.

# CHAPITRE XI

## CLASSIFICATION DES PROBABILITÉS

On peut diviser les problèmes de calcul des probabilités pures en deux catégories suivant que, dans l'énoncé, figurent des données exactes ou des données expérimentales.

On jette deux fois de suite, au hasard, une pièce de monnaie, quelle est la probabilité pour que, les deux fois, elle montre face?

Si nous savons d'une façon certaine (c'est l'énoncé qui doit le dire ou le sous-entendre) que la pièce a égale chance pour tomber sur l'un ou l'autre de ses côtés, le problème rentre dans la première catégorie; la probabilité demandée est 1/4.

Le problème serait de la seconde catégorie si, ignorant les chances respectives des arrivées de pile et de face, l'expérience nous avait conduits à supposer que ces chances sont égales.

Si, par exemple, ayant jeté dix fois la pièce, pile s'était montré cinq fois, nous adopterions, à défaut d'autre renseignement, la valeur $1/2$ pour probabilité de l'arrivée de pile, mais cette adoption serait faite sous toutes réserves et la nature du problème s'en trouverait modifiée; la probabilité pour obtenir face deux fois de suite serait supérieure à $1/4$.

Les problèmes de la première catégorie peuvent eux-mêmes se diviser en trois classes suivant que :

Le nombre des épreuves n'étant pas très grand, le nombre des alternatives à chaque épreuve est fini.

Le nombre des épreuves n'étant pas très grand, le nombre des alternatives à chaque épreuve est infini.

Le nombre des épreuves est très grand.

Dans le premier cas, il s'agit d'un problème de probabilité discontinue.

Dans le second cas, d'un problème de probabilité semi-continue.

Dans le troisième cas, d'un problème de probabilité continue.

Nous nous sommes occupés exclusivement jusqu'ici des probabilités discontinues. L'étude des probabilités semi-continues n'est pas très importante, je dirai quelques mots seulement des principales questions dont elle traite : le problème de la composition des erreurs d'observation quand les expériences ne sont pas très nombreuses et le problème des probabilités géométriques.

Le troisième cas, celui des épreuves très nombreuses, semble rentrer dans les deux précédents ; le nombre des épreuves n'étant pas très grand d'abord, on peut supposer en effet qu'il croisse de plus en plus.

Mais une première difficulté se présente d'ordinaire ; la complication des formules devient inextricable dès qu'il s'agit même d'un très petit nombre d'épreuves, de sorte qu'il serait impossible d'en rien tirer si le nombre des épreuves était grand, ce qui est précisément le cas le plus intéressant.

Quand la question étudiée, par suite de son extrême simplicité, permet l'emploi de formules applicables à de grands nombres d'épreuves, ces formules sont pratiquement incalculables et ne peuvent même donner une idée d'ensemble sur la solution du problème.

Si, au contraire, on suppose *a priori* un grand nombre d'épreuves, il en résulte des conséquences très heureuses : les grands nombres arrangent bien des choses, ils adoucissent les angles, ils permettent de négliger tous les vains détails et de ne conserver que les caractéristiques essentielles. Tous les problèmes analogues sont par eux fondus en un même type, ils ne diffèrent plus que par des coefficients.

On conçoit ainsi la généralité des lois des grands nombres ; la plus simple comprend, à elle seule, presque toutes les applications du calcul des probabilités.

Lorsque l'on considère un grand nombre d'épreuves, on assimile ce nombre d'épreuves à une quantité pouvant varier d'une façon continue.

En supposant, *a priori*, cette quantité continue de sorte qu'on puisse l'assimiler au temps, on est conduit à la *théorie des probabilités continues.*

On pourrait dire que les problèmes de probabilité se divisent en trois classes suivant qu'ils supposent la discontinuité dans le temps et dans l'espace, la discontinuité dans le temps et la continuité dans l'espace ou enfin la continuité dans le temps et dans l'espace.

Cette façon de s'exprimer est imagée mais incorrecte, il faut savoir l'interpréter ; en réalité, il ne s'agit d'ordinaire ni de temps ni d'espace.

## § 1. — Probabilités géométriques.

Buffon prétendait devoir la pureté de son style à la blancheur de ses manchettes de dentelle ; c'est sans doute la pureté de son style qui lui vaut d'être avant tout considéré comme un écrivain ; on se refuse généralement à lui reconnaître les qualités d'un génie supérieur.

Ce n'est certes pas ici que nous pourrions nous permettre d'exprimer une opinion sur ce sujet ; il n'en est pas moins certain que Buffon, pour avoir été un naturaliste et non un géomètre, savait être abstrait à ses heures. Le premier, il résolut un problème de probabilité géométrique.

« L'analyse est, dit-il, le seul instrument dont on se soit servi jusqu'à ce jour dans la science des probabilités pour déterminer et fixer les rapports du hasard : la géométrie paraissait peu propre à un ouvrage si délié ; cependant, si l'on y regarde de près, il sera facile de reconnaître que cet avantage de l'analyse sur la géométrie est tout à fait accidentel, et que le hasard, selon qu'il est modifié et conditionné, se trouve du ressort de la géométrie aussi bien que de celui de l'analyse... Pour mettre donc la géométrie en possession de ses droits sur la science du hasard, il ne s'agit que d'inventer des jeux qui roulent sur l'étendue et sur ses rapports. »

Le principal problème résolu par Buffon est devenu classique sous le nom de « problème de l'aiguille »; en voici textuellement l'énoncé :

« Je suppose que dans une chambre dont le parquet est simplement divisé par des joints parallèles, on jette en l'air une baguette, et que l'un des joueurs parie que la baguette ne croisera aucune des parallèles du parquet, et que l'autre, au contraire, parie que la baguette croisera quelqu'une de ces parallèles; on demande le sort de ces deux joueurs (on peut jouer ce jeu sur un damier avec un aiguille à coudre ou une épingle sans tête). »

En désignant par $a$ la distance des joints parallèles et par $r$ la longueur de la baguette (ou de l'aiguille), supposée inférieure à $a$, la probabilité pour que la baguette rencontre l'un des joints est donnée par la formule $\dfrac{2\,r}{\pi\,a}$, $\pi = 3,1416$ désignant le rapport de la circonférence au diamètre.

D'une façon générale, on dit qu'un problème est relatif aux probabilités géométriques lorsqu'il consiste à déterminer la probabilité pour qu'un ensemble de points, de lignes ou de surfaces dépendant d'une certaine façon du hasard possède une propriété géométrique donnée.

Nous avons défini la probabilité par le rapport du nombre des cas favorables au nombre total des cas possibles, tous ces cas ayant égale vraisemblance.

Il résulte de cette définition que la première donnée de tout problème de probabilité doit être relative au mode de division en cas d'égale vraisemblance.

Dans la plupart des problèmes, ce mode de division est sous-entendu dans l'énoncé; mais, lorsqu'il s'agit de probabilités géométriques, il est nécessaire, au contraire, de le préciser. Plusieurs modes de division peuvent, en effet, paraitre acceptables d'après l'énoncé du problème, quoique, généralement, ils ne paraissent pas également naturels.

Relativement à ce sujet, un exemple dû à Bertrand est devenu classique : on trace au hasard une corde dans un cercle, quelle est la probabilité pour qu'elle soit plus petite que le côté du triangle équilatéral inscrit?

L'expression de corde tracée au hasard ne précise pas suffisamment la division en cas d'égale vraisemblance ; en adoptant trois modes de division différents, Bertrand fut conduit à trois valeurs différentes pour la probabilité cherchée : 1/2, 1/3, 1/4.

Si l'on étudie une question particulière, la nature de la question peut imposer un mode de division ; mais s'il s'agit d'une question générale, il est nécessaire de comparer les différentes hypothèses qui conduisent aux différents modes de division et de dégager de cette comparaison l'hypothèse qui semble la plus naturelle, s'il en est une.

Cette comparaison, qui peut être très délicate dans certains cas, sort quelque peu du domaine des mathématiques pures.

Le problème dont je vais dire quelques mots est un des seuls qui présente un véritable intérêt au point de vue géométrique et qui permette de discuter diverses hypothèses.

Nous allons voir que, pour le problème considéré, une hypothèse semble toute naturelle. Nous traiterons d'abord d'autres cas, afin de procéder, en quelque sorte, par élimination.

Il s'agit d'étudier les triangles tracés au hasard, et d'abord de définir ce que l'on doit entendre par l'expression de *triangle tracé au hasard*.

Considérons une aire plane limitée par une courbe fermée F, décomposons cette aire en un très grand nombre de carrés infinitésimaux par un double système de droites parallèles équidistantes ; à chaque carré, nous pouvons faire correspondre un numéro d'ordre ; si nous tirons au hasard un de ces numéros, comme à une loterie, le carré infinitésimal, c'est-à-dire le point correspondant, est un point pris au hasard à l'intérieur de l'aire.

Si l'on tire trois numéros et si l'on joint les points correspondants par des droites, on obtient un triangle.

Ce triangle dépend, à certain point de vue, du hasard, mais ne peut évidemment être considéré comme un triangle tracé au hasard.

En écartant l'hypothèse considérée, nous ne devons pas en conclure qu'elle ne puisse présenter d'intérêt ou même d'utilité dans certains cas ; l'un des problèmes les plus étudiés de la théorie des probabilités géométriques consiste, précisément, à déterminer la superficie moyenne du triangle formé par trois points pris au hasard à l'intérieur d'une aire.

Le rapport de cette superficie moyenne à l'aire totale est $\dfrac{35}{48\,\pi^2} = 0{,}07387$ pour le cercle ou l'ellipse, $11/144 = 0{,}0763$ pour le carré ou le rectangle, $1/12 = 0{,}0833$ pour le triangle, etc.

On peut encore obtenir un triangle en brisant au hasard une tige AB en trois morceaux ou, si l'on veut, en divisant la ligne A B en trois segments par deux points pris au hasard.

Par ce terme, il faut entendre que, la ligne A B étant divisée en un très grand nombre d'éléments égaux, on fait correspondre à chaque élément un numéro d'ordre. On tire au hasard deux numéros, comme à une loterie ; les éléments correspondants, c'est-à-dire les points correspondants, sont des points pris au hasard sur la ligne A B.

Les trois segments ainsi déterminés ne peuvent former un triangle que si le plus grand est inférieur à la somme des deux autres. La probabilité pour que les segments puissent former un triangle est 1/4.

Dans ces conditions, le triangle moyen est celui dont les côtés sont proportionnels aux nombres 16, 13,7.

Lorsque les trois segments forment un triangle, la probabilité pour que ce triangle soit obtusangle, c'est-à-dire pour qu'il ait un angle obtus, est $9 - 12 \log 2$, soit environ 0,682.

Ces résultats présentent quelque intérêt, mais, si le triangle, formé par la rupture d'une tige, est dû, à un certain point de vue, au hasard, il est évident qu'on ne peut le considérer comme un triangle tracé au hasard.

Au lieu d'obtenir un triangle, en partageant une ligne A B en trois segments par deux points pris au hasard, on peut diviser trois lignes égales A B, A′B′, A″B″ en deux segments, en prenant sur chacune d'elles un point M, M′, M″ au hasard.

Les segments A M, A′M′, A″M″ ne déterminent un triangle que si le plus grand est inférieur à la somme des deux autres; la probabilité de cette éventualité est 1/2.

Dans ces conditions, le triangle moyen est celui dont les côtés sont proportionnels aux nombres 6, 5, 3.

La probabilité pour que le triangle soit obtusangle est $\dfrac{\pi - 2}{2}$, soit environ 0,571.

Ces résultats présentent quelque intérêt, mais il est évident que le triangle obtenu, comme il vient d'être dit, n'est pas ce que l'on peut considérer comme un triangle tracé au hasard.

Que doit-on donc entendre par l'expression de triangle tracé au hasard ?

« Un triangle tracé au hasard est un triangle formé par trois droites menées au hasard, c'est-à-dire par trois droites dont les directions sont absolument quelconques. »

C'est sur la direction des côtés qu'il semble naturel de faire porter l'indécision du hasard.

La réalisation matérielle de l'hypothèse consisterait à jeter trois aiguilles au hasard sur un plan, comme pour le problème de Buffon.

L'étude de la question conduit à des résultats très intéressants pour la géométrie du triangle : *le triangle moyen a pour angles 110°, 50° et 20°.*

La valeur probable du plus grand angle (c'est-à-dire la valeur qui a autant de chances d'être ou de ne pas être dépassée) est 106°. Les valeurs probables pour l'angle moyen et pour le plus petit angle sont respectivement 52° et 17°.

La probabilité pour qu'un triangle soit acutangle, c'est-à-dire pour qu'il ait ses trois angles aigus, est 1/4.

Lorsqu'un triangle est acutangle, la valeur moyenne du plus grand angle est 80°, la valeur de l'angle moyen est 65° et la valeur moyenne du plus petit angle est 35°.

Lorsqu'un triangle est obtusangle, les valeurs moyennes de ses angles sont 120°, 45° et 15°

# CHAPITRE XII

## LOIS DES GRANDS NOMBRES

Les lois des grands nombres ont une très grande importance, leurs applications s'étendent à tout le calcul des probabilités et l'on pourrait presque dire qu'elles résument ce qui est réellement essentiel dans ce calcul.

Les lois que nous étudierons ici, les plus simples et les plus utiles, n'exigent, pour être bien comprises, que quelques instants d'attention et cependant, par leur connaissance, nous serons à même de nous former une idée générale sur beaucoup de manifestations du hasard.

Les lois des grands nombres ne sont pas absolument exactes, au sens le plus rigoureux que l'on peut attribuer à ce terme, elles sont « asymptotiques », c'est-à-dire qu'elles s'approchent d'autant plus de la vérité que le nombre des épreuves ou des parties est plus grand ; c'est même pour cette raison qu'on les nomme : lois des grands nombres.

Pratiquement, on peut les considérer comme exactes, même quand le nombre des épreuves n'est pas très grand.

Pour considérer le cas le plus simple, supposons qu'un joueur A doive jouer mille parties à pile ou face, l'enjeu étant 1 franc par partie.

Le joueur ayant égale chance de gain ou de perte, le cas, en quelque sorte, normal, serait celui pour lequel il n'aurait finalement ni gagné, ni perdu au bout des mille parties.

Si, au bout des mille parties, le joueur a gagné 10 francs, on dit que l'écart est 10. S'il a gagné 24 francs, on dit que l'écart est 24. S'il a perdu 16 francs, on dit que l'écart est — 16. S'il a perdu 28 francs, on dit que l'écart est — 28, etc.

Puisque le joueur a constamment égale chance de gagner ou de perdre, la probabilité d'un écart positif quelconque est la même que la probabilité de l'écart négatif de même amplitude. Par exemple, l'écart — 8 a même probabilité que l'écart + 8.

On conçoit que plus un écart est grand en valeur absolue, plus sa probabilité est faible ; je ne peux ici démontrer cette vérité qui est d'ailleurs presque évidente.

Parmi tous les écarts, il en est un qui est particulièrement intéressant, c'est l'*écart probable* ; on nomme ainsi l'écart qui a autant de chances d'être ou de ne pas être dépassé.

Dans le cas étudié, l'écart probable et $\pm$ 21, c'est-à-dire qu'il y a une chance sur quatre pour que le joueur perde plus de 21 francs, une chance sur quatre pour qu'il perde moins de 21 francs, une chance sur quatre pour qu'il gagne moins de 21 francs et une chance sur quatre pour qu'il gagne plus de 21 francs. En d'autres termes, l'écart $\pm$ 21 a égale probabilité d'être ou de ne pas être dépassé.

De même, l'écart $\pm$ 30 a une chance sur trois d'être dépassé, c'est-à-dire que le joueur a une chance sur six de perdre plus de 30 francs, deux chances sur six de perdre moins de 30 francs, deux chances sur six de gagner moins de 30 francs et une chance sur six de gagner plus de 30 francs.

De même l'écart $\pm$ 37 a une chance sur quatre d'être dépassé, c'est-à-dire que le joueur a une chance sur huit de perdre plus de 37 francs, trois chances sur huit de perdre moins de 37 francs, trois chances sur huit de gagner moins de 37 francs et une chance sur huit de gagner plus de 37 francs.

Quel que soit le nombre des parties, ce que l'on nomme écart, pour un jeu équitable, est toujours, simplement, le gain ou la perte du joueur; l'écart est positif lorsqu'il s'agit d'un gain et négatif lorsqu'il s'agit d'une perte.

Nous venons de voir que l'écart $\pm$ 21 avait une chance sur deux d'être dépassé et que l'écart $\pm$ 30 avait une chance sur trois d'être dépassé. Le rapport des deux écarts est 30/21.

La loi des grands nombres, pour ce cas particulier, peut s'énoncer ainsi :

Quel que soit le jeu considéré, pourvu qu'il soit composé de parties équitables, indépendantes et nombreuses (pas nécessairement identiques), le rapport de l'écart qui a une chance sur trois d'être dépassé à l'écart qui a une chance sur deux d'être dépassé est toujours 30/21.

L'écart $\pm$ 37, dans l'exemple choisi, a une chance sur quatre d'être dépassé et l'écart $\pm$ 21 a une chance sur deux d'être dépassé. Pour ce cas particulier, la loi des grands nombres peut s'exprimer ainsi :

Si l'on doit jouer un très grand nombre de parties (indépendantes, mais pas nécessairement identiques) à un jeu équitable quelconque, le rapport de l'écart qui a une chance sur quatre d'être dépassé à l'écart qui a une chance sur deux d'être dépassé est toujours 37/21.

La loi des grands nombres étant, pour ainsi dire, la clef du calcul des probabilités, des exemples sont très utiles pour en bien faire comprendre le sens. Nous allons d'abord, sans craindre la monotonie, considérer les écarts proportionnels à 21, 30 et 37.

Un joueur a égale probabilité de gagner ou de perdre 5 francs à chaque partie, il doit jouer 10.000 parties. L'écart qui a une chance sur deux d'être dépassé (écart probable) est $\pm$ 340 francs, donc l'écart qui a une chance sur trois d'être dépassé est $\pm$ 340 $\times$ 30/21 $=$ $\pm$ 490. L'écart qui a une chance sur quatre d'être dépassé est

$$\pm\ 340 \times 37/21 = \pm\ 600.$$

Un joueur, à chaque partie, a probabilité 1/3 de gagner 12 francs, probabilité 1/3 de perdre 9 francs et probabilité 1/3 de perdre 3 francs ; son jeu est équitable. Il doit jouer 7.000 parties. L'écart qui a une chance sur deux d'être dépassé est $\pm$ 158 fr., donc l'écart qui a une chance sur trois d'être dépassé est $\pm$ 158 $\times$ 30/21 $=$ $\pm$ 224. L'écart qui a une chance sur quatre d'être dépassé est

$$\pm\ 158 \times 37/21 = \pm\ 280.$$

On doit jouer 3.000 parties. Pour 1.000 parties, on a une chance sur deux de gagner ou de perdre

1 franc. Pour 1.000 autres, une chance sur deux de gagner ou de perdre 3 francs. Pour 1.000 autres, on a probabilité 1/4 de gagner 8 francs, probabilité 1/4 de perdre 2 francs et probabilité 1/2 de perdre 3 francs; le jeu est équitable.

L'écart qui a une chance sur deux d'être dépassé est $\pm$ 186 francs (l'ordre des parties n'importe pas), donc l'écart qui a une chance sur trois d'être dépassé est $\pm$ 186 $\times$ 30/21 $= \pm$ 266. L'écart qui a une chance sur quatre d'être dépassé est

$$\pm 186 \times 37/21 = \pm 328.$$

On comprend par ces exemples quelle est, dans sa généralité, la loi des grands nombres :

Le rapport d'un écart qui a une certaine chance d'être dépassé à l'écart qui a une autre certaine chance d'être dépassé est toujours le même, quel que soit le nombre des parties, pourvu qu'il soit très grand.

On ne suppose pas les parties identiques, on les suppose seulement équitables et indépendantes.

Nous avons choisi les écarts proportionnels à 21, 30, 37, les mêmes conclusions s'appliqueraient évidemment à d'autres écarts, par exemple :

L'écart qui a une chance sur dix d'être dépassé est toujours égal à l'écart qui a une chance sur trois d'être dépassé multiplié par 3,77.

Quel que soit le jeu considéré et le nombre des parties, pourvu qu'il soit très grand, le rapport de l'écart qui a une chance sur sept d'être dépassé à l'écart qui a une chance sur cinq d'être dépassé est toujours égal à 1,17.

*Les rapports des écarts qui ont des probabilités données d'être dépassés sont toujours les mêmes.*

C'est la loi des grands nombres, on peut admirer son extrême simplicité.

Connaissant, pour un jeu, la probabilité pour qu'un certain écart soit dépassé, on peut en déduire la probabilité pour qu'un autre écart donné soit dépassé.

On a construit des tables faisant connaître la probabilité pour qu'un écart donné soit dépassé, cet écart étant exprimé en prenant l'écart probable pour unité. L'écart probable, comme nous savons, est celui qui a égale chance d'être ou de ne pas être dépassé.

La probabilité pour que l'écart double de l'écart probable soit dépassé dans un sens ou dans l'autre (en gain ou en perte) est 0,177. La probabilité pour que l'écart triple soit dépassé est 0,043.

Il n'y a pas une chance sur dix millions pour que l'écart soit supérieur à huit fois l'écart probable.

(Pour les mathématiciens, je dirai que la loi des

grands nombres n'est pas caractérisée par la constance des rapports, mais par la forme analytique
de l'expression de la probabilité, forme qui est
exponentielle ; transcendante par conséquent, mais
très simple.

Pour les mathématiciens encore, je dirai que
l'indépendance des parties successives conduit à
la loi exponentielle mais que l'on peut, dans certains cas, être conduit à cette même loi sans supposer nécessairement l'indépendance.

Quand on ne fait pas cette supposition, on est
conduit exceptionnellement à la loi exponentielle
et généralement à des lois d'une complication
beaucoup plus grande.)

## § 1. — Généralité des lois des grands nombres.

En pensant que les lois des grands nombres ne
sont relatives qu'à des jeux, on se ferait une idée
très fausse sur leur portée.

Toutes les fois qu'une quantité est susceptible,
avec égale chance, d'augmentation ou de diminution, la somme de ces augmentations et de ces
diminutions suit, au bout d'un grand nombre
d'épreuves, la loi précisément nommée loi des
grands nombres.

C'est ce qui a lieu, par exemple, lorsqu'il s'agit d'erreurs fortuites d'observation, on ne considère plus des gains ou des pertes mais d'autres grandeurs; la loi des grands nombres leur est applicable, comme nous le verrons.


## § 2. — **Épreuves uniformes**.


Considérons le cas ordinaire où les parties successives d'un jeu équitable sont identiques (aux effets près du hasard). La théorie conduit à une loi générale qui est infiniment simple, mais qu'il faut savoir interpréter :

*Les écarts sont proportionnels à la racine carrée du nombre des parties.*

Reprenons le premier exemple, le cas où l'on joue à pile ou face, l'enjeu étant 1 franc par partie.

Le joueur A devait précédemment jouer 1.000 parties, imaginons qu'il doit en jouer 4.000.

Le nombre des parties étant quatre fois plus grand, les écarts, d'après la loi des grands nombres, devront être deux fois plus grands, puisque deux est la racine carrée de quatre.

Expliquons ce qu'il faut entendre par là : l'écart $\pm 21$ avait une chance sur deux d'être dépassé (écart probable); dans le cas de 4.000 parties, l'écart $\pm 2 \times 21$ ou $\pm 42$ aura une chance sur deux d'être dépassé.

L'écart $\pm 30$ avait une chance sur trois d'être dépassé ; dans le cas de 4.000 parties, l'écart $\pm 2 \times 30$ ou $\pm 60$ aura une chance sur trois d'être dépassé.

L'écart $\pm 37$ avait une chance sur quatre d'être dépassé ; dans le cas de 4.000 parties, l'écart $\pm 2 \times 37$ ou $\pm 74$ aura une chance sur quatre d'être dépassé.

Supposons que le joueur doive jouer 9.000 parties.

Le nombre des parties étant neuf fois plus grand que s'il devait jouer 1.000 parties, les écarts, d'après la loi des grands nombres, seront trois fois plus grands que dans ce dernier cas, puisque trois est la racine carrée de neuf.

L'écart $\pm 21$ ayant une chance sur deux d'être dépassé au bout de 1.000 parties, l'écart $\pm 3 \times 21$ ou $\pm 63$ a une chance sur deux d'être dépassé au bout de 9.000 parties.

L'écart $\pm 30$ ayant une chance sur trois d'être dépassé au bout de 1.000 parties, l'écart $\pm 3 \times 30$ ou $\pm 90$ a une chance sur trois d'être dépassé au bout de 9.000 parties.

L'écart $\pm 37$ ayant une chance sur quatre d'être dépassé au bout de 1.000 parties, l'écart $\pm 3 \times 37$

ou $\pm 111$ a une chance sur quatre d'être dépassé au bout de 9.000 parties.

Ces exemples font comprendre le sens qu'il faut attribuer à ces termes : les écarts sont proportionnels à la racine carrée du nombre des parties.

Les écarts $\pm 21$, $\pm 42$, $\pm 63$ qui, dans les exemples précédents, ont même probabilité d'être dépassés sont *isoprobables*.

De même les écarts $\pm 30$, $\pm 60$, $\pm 90$, qui ont même chance d'être dépassés, sont isoprobables.

Les écarts $\pm 37$, $\pm 74$, $\pm 111$ sont encore isoprobables.

Pour énoncer d'une façon précise la loi étudiée, il faudrait dire que les écarts isoprobables sont proportionnels à la racine carrée du nombre des parties. On sous-entend ordinairement le mot isoprobable pour obtenir un énoncé plus concis et plus élégant.

Non seulement les écarts suivent tous la même loi, résultat très heureux, mais cette loi est excessivement simple, les écarts sont proportionnels à la racine carrée du nombre des parties; c'est-à-dire à la fonction la plus simple croissant moins vite que le nombre lui-même.

Si le nombre des parties augmente de plus en plus, les écarts ne croissant que proportionnellement à la racine carrée de ce nombre diminuent indéfiniment *relativement* à lui, mais ils n'en croissent pas moins en valeur absolue.

L'ignorance de cette dernière vérité est la cause d'une des plus fréquentes illusions des joueurs.

Je tiens à insister encore sur ce fait, ce sont les écarts isoprobables qui suivent la loi indiquée : il serait tout à fait inexact de supposer que la probabilité de gagner 10 francs en 1.000 parties est égale à la probabilité de gagner 20 francs en 4.000 parties. C'est la probabilité de gagner *plus de* 10 francs en 1.000 parties qui est égale à la probabilité de gagner *plus de* 20 francs en 4.000 parties.

La loi de croissance des écarts isoprobables avec la racine carrée du nombre des épreuves (la racine carrée du temps, quand il s'agit d'un phénomène continu) est, pour ainsi dire, la loi fondamentale du hasard; on la retrouve en étudiant la spéculation, les erreurs d'observation, les probabilités cinématiques et dynamiques, le mouvement brownien... on la retrouve chaque fois qu'il s'agit d'un grand nombre d'épreuves indépendantes et identiques dans lesquelles le hasard agit seul et indifféremment dans un sens ou dans un autre.

Que doit-on entendre par l'expression *jouer gros jeu* ?

Tous les écarts étant proportionnels à la racine carrée du nombre des parties, on joue d'autant plus gros jeu que cette quantité est plus grande.

Il faut tenir compte également du jeu spécial que l'on considère ; le nombre des parties devant être très grand, un jeu équitable n'est personnifié que par une caractéristique : c'est la racine carrée de la valeur moyenne des carrés des gains et des pertes pour une partie.

Si, par exemple, à chaque partie, le joueur a probabilité 1/4 de perdre 1 franc, probabilité 1/4 de perdre 3 francs et probabilité 2/4 de gagner 2 francs, la caractéristique de son jeu est la racine carrée de $\frac{1}{4} \times 1^2 + \frac{1}{4} \times 3^2 + \frac{2}{4} 2^2$ ou de $\frac{18}{4}$, c'est-à-dire 2,12.

Deux jeux peuvent être différents et admettre même caractéristique ; si l'on a une chance sur deux de gagner 1 franc et une chance sur deux de perdre 1 franc, à chaque partie, la caractéristique est un.

Si l'on a une chance sur huit de gagner 2 francs, une chance sur huit de perdre 2 francs et six chances sur huit de faire partie nulle, la caractéristique est un.

Les deux jeux sont très différents si l'on considère un petit nombre de parties ; on peut, sans erreur appréciable, les supposer identiques quand le nombre des parties est très grand.

Donc la quantité qui mesure le fait de jouer plus ou moins gros jeu, ou si l'on veut *l'ampleur* du jeu s'obtient en multipliant le coefficient caractéristique par la racine carrée du nombre des parties.

Si l'on multiplie le nombre caractéristique du jeu par la racine carrée du nombre des épreuves et par 0,68, on obtient *l'écart probable*, c'est-à-dire l'écart qui a autant de chances d'être ou de ne pas être dépassé.

Connaissant l'écart probable, on peut calculer la probabilité pour qu'un écart donné soit dépassé, nous l'avons remarqué. Plus généralement, on peut toujours calculer la probabilité pour gagner une somme donnée à un jeu composé d'un grand nombre de parties indépendantes, identique ou non. Ce problème a été définitivement résolu par Laplace.

### § 3. — Courbe du hasard.

Le nombre des parties étant très grand, on peut, par une fiction, supposer que les écarts sont continus.

La probabilité d'un écart $x$ (il ne s'agit plus ici

d'écarts isoprobables) en un nombre donné de parties est alors une fonction continue de $x$, fonction
que je ne peux étudier ici. Son caractère général
est de décroître avec une extrème rapidité quand
$x$ devient assez grand ; c'est ainsi, comme nous
l'avons vu, qu'il n'y a pas une chance sur dix mil-

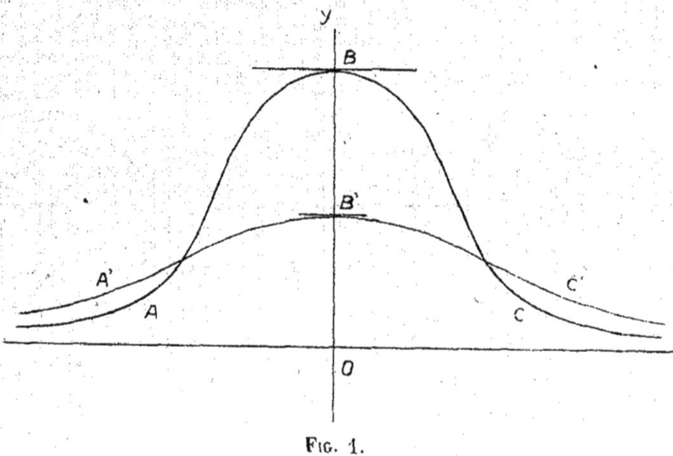


FIG. 1.

lions pour que l'écart soit supérieur à huit fois
l'écart probable.

La courbe représentative de cette fonction est
dite courbe du hasard ou courbe de probabilité,
elle affecte la forme d'une sorte de cloche plus ou
moins évasée, suivant que le nombre des parties
est plus ou moins grand.

Sur la figure sont représentées deux courbes de

probabilité, on a pris les écarts en abscisses et les probabilités correspondantes en ordonnées. La courbe A B C étant relative à un certain nombre de parties, la courbe A'B'C' est relative à un nombre de parties quadruple. L'ordonnée maxima, O B, varie en raison inverse de la racine carrée du nombre des parties. Les abscisses des points d'inflexion de la courbe sont proportionnelles à la racine carrée du nombre des parties.

L'aire comprise entre la courbe et l'axe des $x$ a toujours pour valeur un, puisqu'elle exprime la somme des probabilités de tous les écarts possibles. Si l'on suppose que le nombre des parties augmente de plus en plus, la courbe s'aplatit constamment et finit par se confondre presque avec l'axe des $x$.

Quel que soit le jeu équitable considéré, les parties étant identiques ou non, la courbe en se dilatant passe toujours par les mêmes formes; pour les mathématiciens, on peut dire que l'équation de la courbe ne contient qu'un paramètre, ou encore que toutes les courbes appartiennent à une même famille.

### § 4. — Jeux non équitables.

Quand le jeu est équitable, le cas, en quelque sorte normal, est celui pour lequel le joueur n'est ni en gain ni en perte. Il n'en est plus de même quand le jeu présente un avantage ou un désavantage, si faible soit-il.

Supposons qu'un joueur A doive jouer un grand nombre $m$ de parties identiques à un jeu désavantageux, nous allons nous former une idée d'ensemble de la façon dont pourront varier ses gains ou ses pertes.

Nous calculons d'abord l'espérance mathématique ou valeur moyenne du gain de A pour une partie, cette quantité — $e$ est négative, puisque le jeu est désavantageux.

L'espérance mathématique pour les $m$ parties est la somme des espérances pour chacune des parties considérée isolément, elle a donc pour valeur — $me$, elle est proportionnelle au nombre des parties.

La perte moyenne $me$ est donc proportionnelle au nombre des parties.

Cette quantite $me$ (par suite de ce fait que $m$ est un grand nombre) est aussi la valeur la plus probable de la perte en $m$ parties et aussi la valeur probable de cette perte, c'est-à-dire la valeur qui a autant de chances d'être ou de ne pas être dépassée.

La quantité $me$, valeur moyenne probable et plus probable de la perte au bout de $m$ parties est la valeur, en quelque sorte, *normale* de cette perte.

Il est logique de rapporter toutes les pertes ou les gains possibles à la perte normale; la différence entre une perte donnée et la perte moyenne ou normale porte le nom d'*écart*.

Supposons, pour fixer les idées, que le nombre $m$ des parties soit 1.000, la perte moyenne $e$, pour une partie, étant 0 fr. 01; la perte moyenne pour les 1.000 parties est 10 francs. Si le joueur perd 30 francs, l'écart est égal à — 20 francs; s'il gagne 25 francs, l'écart est égal à + 35 francs; s'il perd 2 francs, l'écart est égal à + 8 francs, etc.

Les écarts de part et d'autre de la perte moyenne suivent exactement la même loi que lorsqu'il s'agit d'un jeu équitable, les écarts isoprobables sont proportionnels à la racine carrée du nombre des parties.

On peut considérer la perte normale comme n'étant en rien due au hasard; le hasard produit les écarts relativement à cette perte normale.

Résumons ce qui est essentiel :

*La perte moyenne est proportionnelle au nombre des parties jouées; les écarts en plus ou en moins sont proportionnels à la racine carrée du même nombre.*

Les écarts diminuent donc *relativement* à la perte moyenne quand le nombre des parties augmente.

Un exemple ne sera pas inutile, je le choisis de façon qu'il corresponde à peu près au jeu des petits chevaux, fréquemment pratiqué dans les casinos.

Supposons que, pour chaque partie, un joueur ait une chance sur dix de gagner et neuf chances sur dix de perdre.

Il joue 1 franc par partie et s'il gagne il touche 9 francs (son bénéfice est de 8 francs, puisque sa mise est de 1 franc).

Calculons d'abord l'espérance mathématique pour une partie : le joueur ayant une chance sur dix de gagner 8 francs, son espérance positive est 8/10 ou 0 fr. 80. Ayant, de même, neuf chances sur dix de perdre 1 franc, son espérance négative est — 9/10 ou —0 fr. 90. L'espérance mathématique totale pour une partie est — 0 fr. 10. La perte moyenne est donc 0 fr. 10 par partie.

Si l'on jouait 500 parties, la perte moyenne serait 50 francs, avec un écart probable en plus ou en moins de 41 francs ; c'est-à-dire que l'on aurait une chance sur quatre de gagner, ou de perdre moins de 9 francs ; une chance sur quatre de réaliser une perte comprise entre 9 et 50 francs, une chance sur quatre de réaliser une perte comprise entre 50 et 91 francs et une chance sur quatre de perdre plus de 91 francs. La probabilité de gain serait 0,20.

L'espérance positive serait égale à 7 francs; c'est contre cette somme que le joueur pourrait abandonner ses chances de bénéfice.

L'espérance négative est 57 francs.

La probabilité de réaliser un bénéfice de quelque importance est très faible, le joueur a moins de six chances sur cent de gagner plus de 50 francs.

Supposons qu'on joue 5.000 parties, la perte moyenne est 500 francs, avec un écart probable en plus ou en moins de 128 francs; c'est-à-dire qu'il y a une chance sur quatre pour perdre moins de 372 francs et une chance sur quatre pour perdre plus de 628 francs. On n'a que quatre chances sur mille pour gagner.

Si l'on jouait 50.000 parties, la perte moyenne serait 5.000 francs, avec un écart probable en plus ou en moins de 407 francs; la probabilité de gain serait d'une excessive petitesse, on n'aurait que cinq chances sur cent de perdre moins de 4.000 francs.

### § 5. — La roulette.

Le jeu des petits chevaux est très désavantageux, le jeu de la roulette l'est beaucoup moins et cependant, à la longue, le joueur doit nécessairement perdre.

A la roulette, il y a 37 numéros; 18 d'entre eux correspondent à la couleur noire, 18 autres à la couleur rouge, le trente-septième numéro est le zéro.

Si le joueur a misé sur noir, il gagne une somme égale à son enjeu si noir sort; il perd sa mise, si rouge sort; il perd la moitié de sa mise si zéro sort.

Le jeu serait équitable si le zéro n'existait pas. Le petit désavantage résultant de la sortie éventuelle du zéro est peu important quand il n'est joué que quelques parties, mais il devient considérable à la longue.

Le joueur a donc, à chaque partie, probabilité 18/37 de gagner un franc (ou une unité quelconque), probabilité 18/37 de perdre un franc et probabilité 1/37 de perdre 0 fr. 50.

S'il joue 1.000 parties, la perte normale est 13,50 et l'écart probable en plus ou en moins est 21,50; la probabilité pour qu'il soit en bénéfice est 0,34.

S'il joue 10.000 parties, la perte normale est 135 et l'écart probable en plus ou en moins est 68; la probabilité, pour qu'il soit en gain, est 0,09.

En jouant 40.000 parties, la perte normale est 540 et l'écart probable en plus ou en moins est 136. La probabilité d'un gain est 0,0035.

## § 6. — Le trente et quarante.

Un grand mathématicien, Poisson, l'un des créateurs de la physique mathématique, a calculé l'avantage du banquier au jeu de trente et quarante; le problème est particulier, mais intéressant.

Le jeu, quoique plus compliqué, est analogue à celui de pile ou face ou de la roulette, il serait équitable si le banquier n'avait pour lui le *refait* dont la probabilité est environ 0,022.

Le refait est analogue au zéro de la roulette; lorsqu'il se produit, le banquier garde la moitié des mises des pontes, son espérance mathématique est donc 0,011 pour une mise égale à un.

Le ponte peut s'assurer contre le refait en versant d'avance 1 °/₀ de son enjeu. En dehors de cette petite prime, le jeu peut être considéré comme équitable et l'on voit qu'il est avantageux de s'assurer, puisque l'espérance mathématique du ponte diminue ainsi de —0,011 à —0,010.

En jouant dix mille parties, avec l'assurance, le joueur a encore seize chances sur cent d'être en bénéfice.

En jouant 40.000 parties, la probabilité d'être en gain est 0,023.

## § 7. — **Conclusion générale**.

Ces exemples montrent que le moindre désavantage dans un jeu rend impossible à la longue toute chance de bénéfice, ils montrent aussi que l'on peut prévoir la perte avec une erreur relative de plus en plus petite.

Comme nous l'avons déjà remarqué, la perte normale est proportionnelle au nombre des parties et les écarts en plus ou en moins ne sont que proportionnels à la racine carrée du même nombre.

Il n'est pas toujours déraisonnable de jouer, même si l'on n'a pas le tempérament d'un joueur; on peut imaginer des cas où l'on préférerait à la possession de mille francs une chance sur deux d'en posséder deux mille; les deux mille francs peuvent être indispensables pour le but proposé alors que mille francs seraient inutiles.

Dans ces cas, d'ailleurs exceptionnels, il faut risquer les mille francs d'un seul coup; en les jouant par petites fractions, ils sont perdus d'avance.

A la roulette, par exemple, on joue presque sans désavantage un coup isolé; à la longue, au contraire, la perte est fatale.

Les joueurs ne risquent d'ordinaire qu'une faible

portion de leur avoir, car ils ont tous leur système, leur combinaison infaillible en laquelle ils
ont d'autant plus de foi qu'elle est plus compliquée.

On a dépensé des trésors d'imagination pour
inventer ces systèmes, plus peut-être que pour
rechercher le mouvement perpétuel et non moins
vainement.

Toutes ces combinaisons infaillibles, ces martingales ascendantes et descendantes, ces jeux en
progressions arithmétiques et géométriques, tout
cela n'est qu'invention naïve pour le mathématicien qui en aperçoit immédiatement le point faible.

En réalité, ces merveilleux systèmes conduisent
infailliblement le joueur à sa perte; ils l'y conduisent plus ou moins rapidement, mais d'une
façon toujours aussi certaine.

A la longue, on ne peut gagner à un jeu que s'il
est avantageux; s'il est désavantageux, on perd
nécessairement. Le hasard, qui n'a que des caprices,
ne peut lutter indéfiniment contre une cause constante qui agit avec lenteur, mais d'une façon
continuelle et sûre.

## § 8. — Effet perturbateur du hasard.

En pensant que nos conclusions générales ne
sont applicables qu'à des jeux, on se ferait, du
sujet, une idée mesquine.

Chaque fois qu'une cause constante intervient en même temps que le hasard, on est conduit à la loi des grands nombres que nous venons d'étudier en supposant qu'il s'agisse d'un jeu. On peut dire que la cause constante produit un effet proportionnel au nombre des épreuves, c'est ce que l'on peut nommer l'effet normal. Le hasard produit un effet perturbateur proportionnel à la racine carrée du nombre des épreuves.

Cette façon de s'exprimer est imprécise et, en toute rigueur, incorrecte, mais elle donne une idée assez claire de la généralité du sujet.

Je n'étudierai pas le cas d'un jeu non équitable ni uniforme, cela nous mènerait trop loin. Je n'insisterai pas non plus sur le principe de la *division des risques* mis en pratique par les compagnies d'assurances. D'après ce principe, à bénéfice moyen égal, une compagnie préfère un grand nombre de petites affaires à un petit nombre de grosses affaires; on conçoit, presque instinctivement, que la part du hasard est moins grande dans le premier cas que dans le second par suite des plus nombreuses compensations.

# CHAPITRE XIII

## LOI DE BERNOULLI

—

*A la longue, les événements se produisent proportionnellement à leur probabilité ou peu s'en faut.*

Telle est, réduite à la forme la plus vulgaire, l'expression de la loi de Bernoulli.

Précisons un peu. Si la probabilité d'un événement est 1/3, cet événement se produira environ mille fois sur trois mille épreuves. S'il se produit 1,025 fois, on dit que *l'écart* est 25. S'il se produit 975 fois, l'écart est —25.

Un écart égal à 25 en valeur absolue n'a rien d'anormal dans le cas étudié; si l'on renouvelait l'expérience, un écart plus grand se produirait, en moyenne, une fois sur trois.

Sur trente mille épreuves, la valeur normale du

nombre des arrivées de l'événement est dix mille. Si l'événement se produit 10.250 fois, on dit que l'écart est 250, s'il se produit 9.750 fois, on dit que l'écart est —250.

Le nombre des épreuves est dix fois plus grand que précédemment. L'écart qui a pour valeur absolue 250 et qui est dix fois plus grand que l'écart 25 précédemment considéré ne lui est pas équivalent au point de vue des probabilités ; il n'y a pas trois chances sur mille pour que l'écart $\pm 250$ soit dépassé en 30.000 épreuves.

Sur trois cent mille épreuves, un écart de 2.500, proportionnel aux écarts précédents, pourrait être tenu pour impossible : il n'aurait pas une chance sur des centaines de milliards pour se réaliser.

Cet exemple montre que les écarts de part et d'autre du nombre normal des arrivées d'un événement ne croissent pas proportionnellement au nombre des épreuves, ils croissent certainement beaucoup moins vite.

Précisons encore. Soit $p$ la probabilité d'un événement à chaque épreuve, si l'on fait $m$ épreuves, la valeur moyenne du nombre des arrivées de l'événement est $mp$. La valeur la plus probable de ce même nombre est encore $mp$. Cette quantité $mp$ est donc, en quelque sorte, la valeur *normale* du nombre des arrivées de l'événement.

Si, en $m$ épreuves, l'événement se produit en nombre $mp + x$, on dit, pour cette raison, que *l'écart* est $x$ (cet écart, suivant les cas, est positif ou négatif).

Si $m$ est très grand, cet écart $x$ est absolument identifiable à un écart en gain ou en perte dans un jeu équitable.

Tout ce qui a été dit relativement au jeu équitable s'applique dans le cas étudié sans modification.

L'écart probable, c'est-à-dire celui qui a autant de chances d'être ou de ne pas être dépassé au bout des $m$ épreuves s'obtient en multipliant le nombre 0,68 par la moyenne géométrique entre la probabilité $p$ de l'événement et la probabilité $(1-p)$ de l'événement contraire et en multipliant finalement par la racine carrée du nombre des épreuves.

Si, par exemple, la probabilité d'un événement est 1/3; en trois mille épreuves, la valeur normale du nombre des arrivées de l'événement est mille;

l'écart probable est $0,68 \sqrt{\dfrac{1}{3}\dfrac{2}{3}\,3.000} = 17,6$, c'est-à-dire qu'il y a une chance sur quatre pour que l'événement se produise moins de 983 fois et une chance sur quatre pour qu'il se produise plus de 1.017 fois.

Nous avons vu qu'il y avait probabilité 0,043 pour que l'écart triple de l'écart probable soit dépassé, il y a donc environ deux chances sur cent pour que l'événement se produise plus de 1.053 fois et environ deux chances pour cent pour qu'il se produise moins de 947 fois.

Un événement a pour probabilité 1/4. On doit faire 1.600 épreuves; la valeur normale du nombre des arrivées de l'événement est 400.

L'écart probable est $0,68 \sqrt{\dfrac{1}{4}\dfrac{3}{4}1.600}$ ou 12, il y a donc une chance sur quatre pour que l'événement se produise moins de 388 fois et une chance sur quatre pour qu'il se produise plus de 412 fois.

Nous avons vu qu'il y avait probabilité 0,177 pour que l'écart double de l'écart probable soit dépassé, il y a donc environ neuf chances sur cent pour que l'événement se produise moins de 376 fois et neuf chances sur cent pour qu'il se produise plus de 424 fois.

Non seulement l'écart probable croît proportionnellement à la racine carrée du nombre des épreuves, mais il en est de même, plus généralement, pour tous les écarts isoprobables, comme nous l'avons vu lorsqu'il s'agissait d'un jeu.

Nous pouvons, en sous-entendant le mot isoprobable, énoncer la loi suivante :

*Les écarts sont proportionnels à la racine carrée du nombre des épreuves.*

Supposons que le nombre des épreuves augmente de plus en plus, les écarts croissant comme la racine carrée du nombre des épreuves croissent indéfiniment en valeur absolue et décroissent indéfiniment en valeur relative.

C'est, du moins dans son esprit, la loi de Bernoulli.

On peut encore l'exprimer sous une autre forme. En supposant que les événements se produisent en nombre proportionnel à leur probabilité, on commet une erreur. Quand le nombre des épreuves croît, l'erreur absolue augmente et l'erreur relative diminue.

## § 1. — Loi de Poisson.

Ce qui précède suppose que la probabilité d'un événement est la même à chaque épreuve. Supposons maintenant qu'elle varie d'une épreuve à l'autre, mais suivant une loi donnée; elle aura, par exemple, pour valeur, $p_1$ à la première épreuve, $p_2$ à la deuxième épreuve, ... $p_m$ à la $m^{me}$ épreuve.

La valeur moyenne du nombre des arrivées de l'événement en ces $m$ épreuves est, comme nous l'avons vu, $p_1 + p_2 + ... + p_m$.

Quand le nombre $m$ est très grand, cette valeur moyenne (sauf dans des cas spéciaux), est en même temps valeur probable et plus probable; valeur, en quelque sorte, *normale* du nombre des arrivées de l'événement.

On nomme probabilité moyenne P la moyenne arithmétique des probabilités, c'est-à-dire la quantité $P = \dfrac{1}{m}(p_1 + p_2 + \cdots + p_m)$.

On peut alors dire que, à la longue, l'événement se produit en nombre proportionnel à sa probabilité moyenne, ou peu s'en faut.

La valeur normale du nombre des arrivées de l'événement en $m$ épreuves est $p_1 + p_2 + \cdots + p_m$ et si l'événement se produit en nombre

$$p_1 + p_2 + \cdots + p_m + x$$

on dit que *l'écart* est $x$.

Les écarts, dans le cas étudié, suivent la loi des grands nombres comme les écarts dans les jeux équitables, comme les écarts dans le cas de la loi de Bernoulli, où les épreuves sont identiques, mais ils sont toujours plus petits qu'ils ne le seraient si l'on remplaçait les probabilités différentes $p_1, p_2, \ldots p_m$ par leur valeur moyenne P.

Si, par exemple, on fait 2.000 épreuves, si l'évé-

nement a pour probabilité 2/8 pour les mille premières épreuves et 4/8 pour les mille autres, la
valeur normale du nombre des arrivées de l'événement en 2.000 épreuves est 750 avec un écart probable de 14.

Si l'on faisait 2.000 épreuves avec la probabilité
moyenne 3/8 pour l'arrivée de l'événement, la valeur normale serait encore 750, mais l'écart probable serait 15, il aurait augmenté.

Tous les écarts isoprobables sont, comme on
sait, proportionnels à l'écart probable; donc, si
l'on remplace des probabilités différentes par leur
moyenne, les écarts sont augmentés.

Imaginons encore que les valeurs successives
de la probabilité de l'événement aux différentes
épreuves ne soient pas exactement connues. Nous
savons seulement que la probabilité dépend de
causes constantes et de causes périodiques.

Alors, si le nombre des épreuves augmente de
plus en plus et comprend un grand nombre de
périodes, la probabilité moyenne s'approchera de
plus en plus, par oscillations irrégulières mais
décroissantes, d'une valeur asymptote fixe.

Tout se passera à peu près pour un grand
nombre d'épreuves comme si la probabilité variable
était remplacée par sa valeur asymptote : l'évé-

nement se produira, dans l'ensemble, en nombre proportionnel à cette probabilité.

C'est ainsi, il me semble, qu'il faut comprendre ce que Poisson a nommé la loi des grands nombres; il a énoncé cette loi d'une façon tellement vague et imprécise que personne, je crois, n'a jamais compris exactement l'idée qu'il voulait exprimer.

A l'exemple de plusieurs auteurs, il m'a paru utile de conserver l'expression assez heureuse de loi des grands nombres qu'a employée Poisson mais en lui attribuant un autre sens.

Dans la réalité, il n'est pas toujours facile de reconnaître si la probabilité dépend de causes constantes (ce qui conduit au théorème de Bernoulli); si à ces premières causes ne s'ajoutent pas d'autres causes produisant des perturbations périodiques (théorème de Poisson) et s'il n'existe pas de causes faisant systématiquement varier la probabilité dans le même sens.

## § 2. — Historique.

Les lois des grands nombres sont dues à Jacques Bernoulli, de Moivre, Lagrange, Laplace, Poisson et Bienaymé. De Moivre et Laplace méritent une mention spéciale.

11.

Depuis quelques années, des conceptions originales et surtout l'idée du mouvement des probabilités qui a donné une forme animée, une sorte de vie, au phénomène de la transformation des probabilités, ont permis à la théorie des grands nombres de franchir une nouvelle étape. Les phénomènes de hasard pur semblent parfaitement connus, mais les probabilités connexes découvrent un horizon indéfini.

Puisque j'ai prononcé quelques noms, il est de toute équité de dresser une sorte de palmarès permettant de rendre justice à ceux qui ont le plus contribué au progrès de la science que nous étudions.

Les créateurs, les primitifs, Pascal, Fermat, Huyghens et Halley, l'illustre astronome à qui est due la première table de mortalité, sont inclassables ; il nous faut les admirer sans essayer d'établir un parallèle entre leurs travaux et ceux de leurs successeurs.

Parmi ces derniers, la palme revient certainement à Laplace. Son œuvre, grandiose et sublime, même en la restreignant au sujet qui nous occupe, a souvent été comparée à ces monuments qui traversent les âges et que le temps respecte.

Après lui il faut citer de Moivre, dont les profonds travaux méritent notre admiration ; c'est lui qui introduisit dans le calcul des probabilités les formules exponentielles et qui obtint les premiers résultats relatifs aux grands nombres.

En troisième lieu, nous pouvons considérer comme ayant des mérites égaux : Jacques Bernoulli, de Montmort et Gauss.

En dehors de ces grands maîtres, beaucoup d'autres ont contribué au progrès du calcul des probabilités; je ne peux ici faire l'historique, même très succinct, de ce calcul.

Je dirai seulement quelques mots des principaux ouvrages relatifs à notre sujet : le premier livre sérieux fut le traité de Huyghens, dont j'ai déjà parlé, il était intitulé *De ratiociniis in ludo aleœ*. Ce petit volume, publié en 1657, étudiait quelques questions relatives aux jeux, il se terminait par l'énoncé de quelques problèmes dont l'auteur ne donnait pas la solution.

Ce ne fut que plus d'un demi-siècle plus tard, en 1713, que parut le bel ouvrage de Jacques Bernoulli, *Ars conjectandi*.

Cinq ans auparavant, de Montmort avait publié la première édition de son *Essay d'Analyse*, mais le livre de Jacques Bernoulli n'ayant été imprimé que plusieurs années après la mort de son auteur, doit être considéré comme très antérieur à la date de sa publication.

*Ars conjectandi* contenait la résolution des problèmes proposés par Huyghens et la résolution d'autres questions sur les combinaisons et les jeux. Bernoulli démontrait ensuite le célèbre théorème qui a gardé son nom et sur lequel il avait, paraît-il, médité pendant vingt ans. Bernoulli ignorait la loi asymptote de la croissance des écarts proportionnellement à la racine carrée du nombre des épreuves; son but était simplement de prouver qu'en supposant que les événements se produisent en nombre proportionnel à leur probabilité, l'erreur commise croît en valeur absolue et décroît en valeur relative quand le nombre des épreuves augmente de plus en plus.

Présentée sous cette forme, la loi de Bernoulli paraît à peu près évidente, mais la démonstration en est laborieuse et elle exigea beaucoup d'ingéniosité.

Dans les ouvrages modernes, on n'emploie plus la démonstration de Bernoulli, on se contente d'ordinaire de la loi asymptote : quand le nombre des épreuves est très grand, les écarts croissent proportionnellement à la racine carrée de ce nombre.

Cette loi asymptote n'est pas exactement celle de Bernoulli, elle suppose un grand nombre d'épreuves, ce que la loi primitive ne supposait pas;

d'autre part, elle énonce une vérité excessivement
générale et simple, que Bernoulli a toujours
ignorée.

Une autre démonstration n'exige que la connaissance de l'arithmétique, elle est basée sur la
propriété additive des moyennes de carrés. Cette
démonstration ne conduit pas exactement au théorème de Bernoulli, mais à l'énoncé suivant, qui en
diffère sensiblement : la valeur moyenne du carré
de l'écart est proportionnelle au nombre des
épreuves.

Cet énoncé est correct, on peut en déduire les
conclusions suivantes, qui sont imprécises : le
carré de l'écart est, « dans l'ensemble », proportionnel au nombre des épreuves. L'écart est,
« dans l'ensemble », proportionnel à la racine
carrée du nombre des épreuves.

On obtient ainsi, rien qu'avec l'arithmétique,
quelque chose d'analogue à la loi asymptote, mais
quelque chose de très vague.

D'autres démonstrations ont été proposées, l'examen en serait fastidieux ; celles qui précèdent sont
les plus classiques.

L'ouvrage de Bernoulli devait se terminer par
des applications aux sciences morales et politiques.
Quelle était la nature de ces applications ? nous
devons toujours l'ignorer. Nicolas Bernoulli, qui

publia l'œuvre posthumé de son oncle, demanda à de
Montmort d'écrire un chapitre sur ce sujet. Celui-ci
s'excusa; plus il méditait sur cette question, plus
il lui semblait difficile d'appliquer les mathématiques, qui sont la précision même, à une étude
aussi vague que celle des sciences morales et
politiques.

La première édition de l'*Essay d'analyse sur les
jeux de hazard*, de de Montmort, parut en 1708.
L'ouvrage débutait par des considérations philosophiques sur le hasard et les probabilités; sujet
difficile où l'on doit éviter à la fois de tomber dans
le lieu commun et la banalité ou de s'élever dans
l'abstraction trop pure. Les idées de de Montmort
sur le hasard sont celles que l'on admet presque
exclusivement aujourd'hui; c'est-à-dire la non-
existence de ce hasard, création d'une ignorance
consciente.

Ces généralités exposées, de Montmort étudiait
les combinaisons et un grand nombre de jeux
maintenant oubliés; déjà la théorie générale du
jeu est en germe dans son livre comme aussi dans
l'ouvrage de Bernoulli.

La seconde édition, beaucoup plus étendue que
la première, parut en 1713. Antérieurement, de
Moivre avait publié un mémoire intitulé *De men-*

*sura sortis;* de Montmort (d'après Fontenelle qui fit son éloge académique) crut que ce livre était copié sur le sien et en fut très piqué.

Grâce à la rivalité qui s'éleva ainsi entre les deux savants, la résolution des problèmes qu'ils se posaient fit de rapides progrès auxquels Nicolas Bernoulli contribua d'ailleurs pour une large part.

Le calcul des probabilités, qui n'avait guère progressé depuis Huyghens, franchit en cinq ans une de ses plus grandes étapes; nous pouvons admirer sans réserve l'ingéniosité des savants qui ont résolu, il y a deux siècles, des problèmes que l'on considère encore aujourd'hui comme très délicats.

A la fin de son livre, de Montmort eut l'heureuse idée de reproduire sa correspondance avec Nicolas Bernoulli. Celle-ci constitue un document des plus curieux par l'échange de vues qu'elle contient sur certaines questions.

La *Doctrine of chances*, de de Moivre, est l'un des plus beaux ouvrages qui aient été publiés sur le sujet qui nous occupe; ce livre, comme celui de de Montmort, n'a pas trop vieilli, quoique la troisième édition, la dernière, date de 1756.

De Moivre, chassé de France par la révocation de l'Édit de Nantes, se réfugia en Angleterre, où il fut bientôt considéré comme un savant de valeur;

Newton faisait de lui un très grand cas. Le calcul des probabilités fut pour de Moivre l'occasion de recherches très profondes sur les mathématiques pures, et la seconde place que nous lui avons accordée dans notre palmarès semble devoir lui revenir de façon indiscutable. La *Doctrine of chances* contient de très beaux développements sur la théorie générale du jeu et les premiers calculs relatifs aux lois des grands nombres.

Nous en arrivons à la grandiose *Théorie analytique des probabilités*, de Laplace, œuvre transcendante et magistrale, malheureusement inaccessible même à la plupart des mathématiciens.

La première édition parut en 1812, elle fut bientôt suivie de deux autres successivement enrichies par des additions et des suppléments. En 1842, les œuvres de Laplace furent publiées par l'État. Dans l'édition nationale, la théorie analytique est précédée de l'*Essai philosophique sur les probabilités*, auquel j'ai fait précédemment quelques emprunts.

L'essai philosophique est une belle œuvre d'une sévère élégance, au style simple mais majestueux; en la créant, Laplace avait pour idée de vulgariser les éléments du calcul des probabilités et d'en faire apprécier les principes comme les applications sans recourir à la moindre formule mathématique.

Au point de vue philosophique, Laplace a atteint le but qu'il se proposait et son *Essai* est bien digne du succès qu'il obtint, mais, au point de vue de la vulgarisation scientifique, il est permis d'émettre quelques doutes sur la valeur de son ouvrage et de supposer qu'il a été quelque peu victime d'une illusion en pensant qu'un sujet de nature mathématique peut être exposé en langage ordinaire, sans le secours d'exemples numériques.

Il faut d'ailleurs reconnaître que le calcul des probabilités est d'une vulgarisation très difficile; il est abstrait de lui-même pour les raisons que j'ai déjà expliquées et des exemples simples sont souvent nécessaires pour en comprendre les éléments.

Dans la *Théorie analytique*, le style est concis, l'analyse profonde, mais Laplace ne semble jamais s'être inquiété de savoir si le lecteur pourrait le suivre, les résultats importants ne sont pas mis suffisamment en évidence et l'auteur, de son propre aveu, ne traite que les questions les plus difficiles.

L'ouvrage débute par deux ou trois cents pages d'une analyse serrée et abstraite avant même que soit donnée la définition de la probabilité. Cette façon de procéder, qui consiste à traiter d'abord les questions d'analyse mathématique qui pourront être utiles afin, pour ainsi dire, de « déblayer le terrain », a quelques avantages, mais elle n'encourage pas d'ordinaire le lecteur et souvent elle l'effraye.

La *Théorie analytique* n'étudie pas exclusivement la partie spéculative du sujet, elle traite aussi de quelques applications, mais en se maintenant toujours à un niveau très élevé.

On a parfois critiqué dans les ouvrages de Laplace quelques questions de détail, quelques légères erreurs; aucune œuvre humaine n'est parfaite. Dans l'ensemble, les ouvrages de Laplace sont dignes d'admiration.

Des travaux très importants ont souvent été publiés sous forme de mémoires; l'énumération en serait longue et fastidieuse, il était seulement nécessaire que nous connaissions les quelques livres qui ont conservé une grande valeur au point de vue historique.

# CHAPITRE XIV

## LA RUINE DES JOUEURS

Depuis les débuts de l'analyse des hasards, le problème de la ruine des joueurs a été considéré comme présentant un intérêt supérieur au point de vue mathématique.

Sa difficulté n'a pas été étrangère à son succès, et parmi les plus grands noms qui honorent le calcul des chances, on ne peut guère citer que Gauss qui n'ait apporté aucune contribution à l'étude d'un sujet si captivant.

C'est par un mémoire sur la ruine des joueurs qu'Ampère, l'illustre physicien, fut révélé au monde savant; le problème de la ruine des joueurs n'est pas ce qu'en peut penser le vulgaire, c'est une question des plus belles au point de vue de la science pure.

Les conceptions nouvelles du mouvement des probabilités montrent bien l'intérèt du problème ; la probabilité y est assimilée à une sorte de fluide dont les lois de propagation sont plus ou moins complexes. Après avoir étudié le problème de la propagation dans un espace illimité, il est tout naturel de l'étudier dans le cas d'un espace fini, c'est le problème de la ruine des joueurs idéalisé.

La théorie générale du jeu n'étudie aucun jeu en particulier ; elle suppose que les conditions du jeu sont connues pour chaque partie et elle étudie le sort des joueurs au bout d'un certain nombre de parties.

Bornons-nous au cas de deux joueurs ; le pro-blème le plus simple que nous avons résolu, quand il s'agit d'un grand nombre de parties, suppose que les joueurs possèdent une somme infinie ou au moins égale à la somme qu'ils pourraient perdre si toutes les parties leur étaient défavorables.

Nous allons aborder l'étude d'un problème plus difficile : la somme totale que l'un des joueurs veut risquer au jeu et que, pour simplifier, nous appe-lons sa *fortune* est limitée ; la fortune de son adver-saire est supposée infinie ou au moins égale à la somme totale qu'il pourrait perdre si le hasard lui était constamment contraire.

L'hypothèse d'un adversaire de fortune infinie

est réalisable car, jouer contre tout adversaire qui
se présente, c'est en réalité, jouer contre un adversaire de fortune infinie.

Nous dirons, pour simplifier, que le joueur est
ruiné quand il a perdu la somme totale qu'il con-
sacrait au jeu.

Nous supposons qu'après chaque partie le perdant verse son enjeu au gagnant. Dans ces conditions, le joueur dont la fortune est limitée pourra,
à un moment donné, avoir perdu sans espoir de
retour la somme totale qu'il voulait jouer, il sera
alors ruiné.

Nous étudierons constamment le sort du joueur
qui a une fortune finie; le sort de son adversaire,
de fortune infinie, s'en déduit d'ailleurs immédiatement.

On peut se poser sur les probabilités de ruine
du joueur deux sortes de problèmes d'un degré de
difficulté bien différent : on peut supposer qu'aucune limite n'est fixée pour la durée du jeu, celui-
ci dure jusqu'à la ruine du joueur ou il dure indéfiniment si le joueur n'est jamais ruiné. Ce premier
problème est très élémentaire.

Le second problème consiste à déterminer la
probabilité pour que le joueur soit ruiné avant un
nombre de parties donné. Par exemple, le joueur A
jouant à pile ou face à un franc par partie et pos-

sédant cent francs, on demande la probabilité pour qu'il soit ruiné avant d'avoir joué dix mille parties. Ce second problème, dont le premier n'est qu'un cas particulier est très intéressant mais difficile.

*Cas où aucune limite n'est fixée pour la durée du jeu.* — Nous avons vu, en étudiant les applications de la notion d'espérance mathématique, que la ruine du joueur est certaine si le jeu est équitable.

La démonstration qui a été donnée ôte à ce résultat tout caractère paradoxal. Si l'on suppose que la fortune de l'adversaire du joueur considéré A soit limitée d'abord puis qu'elle augmente indéfiniment, la somme espérée par ce joueur A croît à l'infini et, en toute équité, la probabilité de sa ruine doit tendre vers la certitude.

Donc, lorsqu'un joueur joue équitablement contre tout adversaire qui se présente ou, si l'on veut, contre le public qui peut être assimilé à un joueur unique excessivement riche, sa ruine, à la longue, est certaine.

Elle serait certaine à plus forte raison et beaucoup plus rapide si les conditions du jeu lui étaient défavorables.

Il n'en est plus de même quand les conditions du jeu réservent un avantage au joueur, si faible que soit cet avantage.

Non seulement, dans ce cas, la probabilité de la ruine n'est plus une certitude mais, elle est même très petite si le joueur ne risque à chaque partie qu'une faible fraction de son capital.

. On sait les gros bénéfices que réalisent les maisons de jeu sur la roulette et le trente et quarante qui sont cependant des jeux presque équitables. La probabilité de ruine, pour ces maisons de jeu, est pratiquement nulle; nous allons le voir.

Si l'on désigne par $p$ la probabilité de ruine d'un joueur A jouant un franc par partie à un jeu avantageux quand il possède seulement un franc, la probabilité de sa ruine quand il possède $a$ francs est $p^a$.

La probabilité de ruine $p^a$ lorsque le joueur possède $a$ francs est très faible dès que $a$ est un peu grand.

Si, par exemple, le joueur a 51 chances sur 100 de gagner et 49 chances sur 100 de perdre à chaque partie, le jeu ne semble guère l'avantager. S'il possède 100 francs, la probabilité de sa ruine n'est que 0,018; s'il possède 500 francs, la probabilité de ruine n'est plus que deux milliardièmes.

Cet exemple montre combien le moindre avantage change les conditions de réussite d'un jeu.

Si le joueur possède $a$ francs et s'il joue à pile ou face, la durée probable du jeu est environ $2,2\,a^2$

(sauf lorsque $a = 1$), c'est-à-dire qu'il y a autant de chances pour que le jeu se termine avant $2,2\,a^2$ parties que de chances pour que le jeu dure plus longtemps. Si le joueur possède dix francs, la durée probable est 220 parties.

Il y a environ 99 chances sur 100 pour que le joueur soit ruiné avant d'avoir joué 67 $a^2$ parties.

*Cas où la durée du jeu est limitée.* — Le problème consiste à chercher la probabilité pour que le joueur A, qui possède la fortune $a$, soit ruiné avant d'avoir joué $n$ parties.

Lorsque le jeu est équitable, un théorème d'une simplicité extrême permet de calculer la probabilité de ruine :

La probabilité pour que le joueur A qui possède la fortune $a$ soit ruiné avant d'avoir joué $n$ parties est le double de la probabilité qu'il aurait pour perdre une somme supérieure à $a$ au bout des $n$ parties si sa fortune était illimitée.

Nous savons calculer la probabilité pour que la perte $a$ soit dépassée au bout de $n$ parties, il suffit de doubler le chiffre pour obtenir la probabilité de ruine.

Le joueur A possède 21 francs et joue à pile ou face à un franc par partie; quelle est la probabilité pour qu'il soit ruiné avant la millième partie?

S'il possédait une somme illimitée (ou au moins égale à mille francs), la probabilité pour que, au bout des mille parties, il perde plus de 21 francs serait 1/4. La probabilité pour qu'il soit ruiné avant mille parties est donc $2 \times 1/4 = 1/2$.

Le joueur A possède cent francs; il joue à pile ou face à un franc par partie, quelle est la probabilité pour qu'il soit ruiné avant dix mille parties?

S'il possédait une somme illimitée, la probabilité pour qu'il perde plus de cent francs au bout de dix mille parties serait 0,155. La probabilité pour qu'il soit ruiné avant dix mille parties est donc $2 \times 0,155 = 0,31$.

Le théorème est vrai non seulement quand il s'agit d'un jeu constamment identique à lui-même mais encore quand les mises peuvent varier à chaque partie, le jeu restant équitable.

Le cas d'un jeu non équitable est beaucoup plus difficile : pour résoudre le problème de la ruine, il faut avoir recours aux formules que j'ai fait connaître dans mon traité; je me contenterai de citer un exemple.

Le joueur A possède 100 francs; il joue à la roulette un franc par partie, quelle est la probabilité pour qu'il soit ruiné avant dix mille parties?

A la roulette le joueur a 18 chances sur 37 de

gagner un franc, 18 chances sur 37 de perdre un franc et une chance sur 37 de perdre 0 fr. 50. La probabilité de sa ruine en dix mille parties est 0,78.

Le petit désavantage que présente le jeu (une chance sur 37 de perdre 0 fr. 50) a beaucoup augmenté la probabilité de ruine ; si ce petit désavantage n'existait pas, la probabilité de ruine en dix mille parties serait 0,31.

Si aucune limite n'est fixée pour la durée du jeu la ruine est certaine, que le jeu soit désavantageux ou équitable, mais elle est beaucoup plus rapide dans le premier cas.

## § 1. — Écart maximum.

A la théorie de la ruine des joueurs se rattache le problème intéressant mais difficile de l'écart maximum, problème que j'ai résolu il y a quelques années.

Un jour A doit jouer un grand nombre de parties à un jeu équitable ; supposons, pour fixer les idées, qu'il doive jouer mille parties à pile ou face, c'est le cas de notre premier exemple relatif à la loi des grands nombres. Nous avons vu que l'écart probable est ± 21 francs, c'est-à-dire que le joueur

a une chance sur quatre de gagner plus de
21 francs et une chance sur quatre de perdre plus
de 21 francs au bout des mille parties; qu'en
d'autres termes, l'écart $\pm 21$ a égale chance
d'être ou de ne pas être dépassé au bout de mille
parties. Nous savons aussi que l'écart $\pm 30$ a
une chance sur trois d'être dépassé et l'écart $\pm 37$
une chance sur quatre d'être dépassé au bout des
mille parties. Nous savons également qu'il y a
probabilité 0,177 pour que l'écart double de l'écart
probable soit dépassé au bout des mille parties et
qu'il y a probabilité 0,043 pour que l'écart triple
de l'écart probable soit dépassé au bout des mille
parties.

Les écarts que nous avons étudiés et qui sont
régis par les lois classiques dites des grands
nombres sont les écarts qui existent *au bout* d'un
certain nombre de parties.

La théorie de l'écart maximum étudie les probabilités relatives au plus grand écart qui se produit
*dans le cours* des mille parties, ou plus généralement dans le cours d'un nombre donné (très grand)
de parties.

Il est très différent de connaître la probabilité
pour qu'un écart de 8 francs se produise au bout
de mille parties ou la probabilité pour que le plus
grand écart qui se produit dans le cours de mille

parties soit de 8 francs. Bien rarement le plus grand
écart est réalisé à la dernière partie ; si le joueur a
finalement gagné 8 francs, très probablement il
avait gagné davantage antérieurement, très vraisemblablement aussi, à un certain instant, dans le
cours du jeu, il avait perdu plus de 8 francs.

La probabilité pour qu'un écart soit dépassé
*dans le cours* d'un certain nombre de parties est
nécessairement plus grande que la probabilité
pour que cet écart soit dépassé *au bout de* ce
même nombre de parties.

Dans le cas de mille parties jouées à pile ou
face, il y a une chance sur deux pour que le plus
grand écart qui se produit dans le cours du jeu
soit supérieur à $\pm 36$ francs et une chance sur
deux pour qu'il soit inférieur à $\pm 36$ francs.

On dit alors que le second écart probable est
$\pm 36$ francs.

D'une façon générale, on nomme *second écart
probable* l'écart qui a égale chance d'être ou de ne
pas être dépassé *dans le cours* des parties.

On comprend la différence entre les deux
écarts probables ; le premier a des chances égales
d'être ou de ne pas être dépassé au bout des $n$
parties qui composent le jeu, tandis que le second
a égale probabilité d'être ou de ne pas être dépassé
dans le cours des $n$ parties.

Énonçons un premier théorème très intéressant :

*Le second écart probable est égal au premier écart probable multiplié par 1,7.*

Ce résultat ne suppose en rien que les parties qui composent le jeu sont identiques, il suppose seulement que ces parties sont équitables, indépendantes et nombreuses.

Nous avons vu, en étudiant les lois classiques des grands nombres, que les écarts qui ont des probabilités données d'être dépassés au bout d'un certain nombre de parties ont des rapports constants, quel que soit ce nombre de parties. Ainsi, l'écart qui a probabilité 1/4 d'être dépassé est à l'écart qui a probabilité 1/2 d'être dépassé (écart probable) comme 37 est à 21, quel que soit le jeu équitable considéré et le nombre de parties dont il se compose, pourvu que ce nombre soit grand.

Il est très intéressant de savoir si une loi analogue existe pour les écarts qui se produisent dans le cours des parties.

Par exemple, l'écart qui a une chance sur quatre d'être dépassé dans le cours des parties a-t-il un rapport constant avec l'écart qui a une chance sur deux d'être dépassé (second écart probable) dans le cours des parties?

Le rapport est constant, en effet, il est le même

quel que soit le nombre des parties pourvu que ce nombre soit grand, mais il n'est pas égal à $\dfrac{37}{21}$.

La constance des rapports existe comme pour les écarts ordinaires, mais ces rapports ne sont pas les mêmes.

Par une fiction à laquelle nous avons déjà eu recours, on peut supposer les écarts continus.

La différence entre la probabilité pour que l'écart $x + dx$ soit dépassé dans le cours des parties et la probabilité pour que l'écart $x$ soit dépassé dans le cours des mêmes parties, est la probabilité pour que *l'écart maximum* qui se produit dans le cours des parties soit $x$.

La probabilité pour que l'écart maximum soit $\pm x$ est une fonction de $x$ que l'on peut représenter par une courbe dite seconde courbe [de probabilité; elle affecte la forme indiquée sur la figure.

Quand le nombre des parties augmente de plus en plus, la courbe s'aplatit en même temps que son sommet s'éloigne vers la droite.

Il est intéressant de se demander quelle est la valeur la plus probable du plus grand écart qui se produit dans le cours des parties.

Si, par exemple, on avait promesse de recevoir une certaine somme, si l'on devire juste quelle sera la valeur de cet écart, quelle valeur devrait-on désigner?

*La valeur la plus probable de l'écart maximum est égale à l'écart probable multiplié par 1,34.*

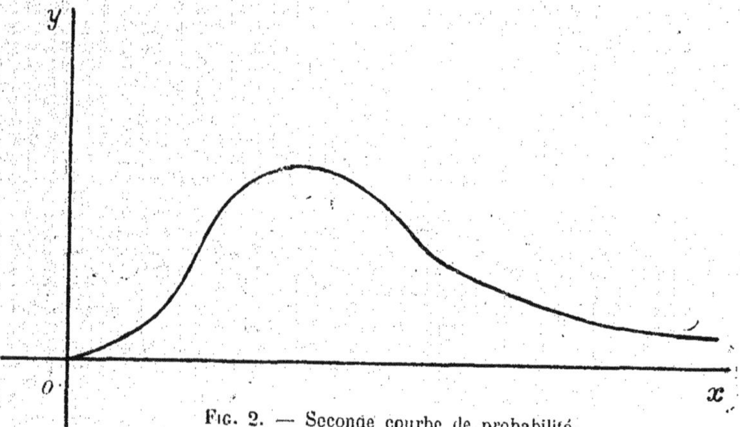

FIG. 2. — Seconde courbe de probabilité.

Si l'on avait promesse de recevoir une somme égale à l'écart maximum, cette espérance aurait pour valeur le produit de l'écart probable par 1,94. En d'autres termes, la valeur moyenne de l'écart maximum est égale au produit de l'écart probable par 1,94.

Pour résumer, si l'on prend pour unité l'écart probable, l'écart maximum a pour valeur la plus probable 1,34, pour valeur probable 1,7 et pour valeur moyenne 1,94.

*Jeu uniforme.* — Ce qui précède suppose seulement que les parties qui composent le jeu sont équitables, indépendantes et nombreuses. Le cas où le jeu est uniforme, c'est-à-dire où les parties sont identiques avant que le hasard les ait différenciées, est spécialement intéressant.

Nous avons vu, en étudiant les lois classiques des grands nombres, que les écarts isoprobables croissent proportionnellement à la racine carrée du nombre des parties. Par exemple, la probabilité pour qu'un écart $x$ soit dépassé au bout de 1.000 parties est égale à la probabilité pour que l'écart $2x$ soit dépassé au bout de 4.000 parties et à la probabilité pour que l'écart $3x$ soit dépassé au bout de 9.000 parties.

Une loi analogue existe quand il s'agit des écarts qui se produisent dans le cours des parties considérées.

La probabilité pour que l'écart $x$ soit dépassé dans le cours de 1.000 parties est égale à la probabilité pour que l'écart $2x$ soit dépassé dans le cours de 4.000 parties et à la probabilité pour que l'écart $3x$ soit dépassé dans le cours de 9.000 parties.

*Les écarts qui ont des probabilités données d'être dépassés dans le cours des parties croissent proportionnellement à la racine carrée du nombre de ces parties.*

# CHAPITRE XV

## LES ILLUSIONS DES JOUEURS

« C'est particulièrement dans les jeux qu'apparaît la faiblesse de l'esprit humain et la pente qu'il a à la superstition. Rien n'est si ordinaire que de voir des joueurs attribuer leur malheur aux personnes qui les approchent, et à d'autres circonstances qui ne sont pas moins indifférentes aux événements du jeu. Il y en a qui se font une loi de ne prendre que des cartes qui gagnent dans la pensée qu'un certain bonheur leur est attaché. D'autres, au contraire, s'attachent à prendre les cartes perdantes, dans l'opinion qu'ayant plusieurs fois perdu, il est moins vraisemblable qu'elles perdront encore, comme si le passé pouvait décider quelque chose pour l'avenir. Il y en a qui affectent certaines places et certains jours. On en voit qui refusent de mêler les cartes si ce n'est dans cer-

taines situations et qui croiraient perdre infailliblement s'ils s'étaient en cela écartés de leurs règles.
Enfin la plupart cherchent leurs avantages où ils
ne sont pas, ou bien ils les négligent entièrement.

On peut dire à peu près la même chose de la
conduite des hommes dans toutes les actions de
la vie où le hasard a quelque part. Ce sont les
mêmes préjugés qui les gouvernent, c'est l'imagination qui règle leurs démarches et qui fait naître
aveuglément leurs craintes et leurs espérances. »
(De Montmort. — *Essay d'analyse sur les jeux de
hazard*, 1708).

Pour employer la classification très claire du
D<sup>r</sup> Gustave Le Bon, exposée dans son bel ouvrage
sur *Les Opinions et les Croyances*, on peut dire que
les illusions des joueurs sont de deux sortes : les
unes sont de nature mystique, les autres de nature
faussement rationnelle.

Les premières, intéressantes au point de vue
psychologique, montrent, comme le disait Montmort, la faiblesse de l'esprit humain.

Les secondes proviennent presque toujours de
ce que les joueurs ne se rendent pas compte de
l'*indépendance absolue* des parties successives.

Lorsque pile est amené dix fois de suite, ils se
figurent qu'à l'épreuve suivante, face a plus de
chances de se montrer.

Lorsque rouge se présente plusieurs fois de suite à la roulette, ils considèrent l'arrivée de noir comme presque certaine à la partie suivante.

D'où provient cette illusion? Il est très peu probable *a priori* que pile se montrera onze fois de suite et c'est cette invraisemblance qui porte à croire, quand il est arrivé dix fois, qu'il n'arrivera pas à la partie suivante. L'illusion tient surtout à ce qu'on se reporte involontairement à l'origine des événements quand elle n'est pas trop éloignée. Si, la veille, le jeu s'était terminé par une série de dix rouges, les joueurs n'auraient pas l'idée de commencer par ponter sur noir, l'origine serait trop éloignée.

Cette question d'origine et de liaison entre les parties successives conduit les joueurs à toutes sortes d'erreurs. Il n'y a pas d'origine, il n'y a pas de liaison, les parties sont absolument indépendantes et n'influent en rien les unes sur les autres.

On verra d'ailleurs plus loin par des statistiques faites sur la roulette que la théorie, qui suppose l'indépendance des parties, est en accord parfait avec l'expérience.

Les joueurs se figurent généralement, quand un grand écart s'est produit dans un sens, que l'écart va avoir une tendance à diminuer, obéissant ainsi à une sorte de principe de compensation qui n'est qu'une illusion. Les parties étant indépendantes, les écarts passés n'influent en rien sur les écarts futurs.

On peut traduire en formule la sorte de jeu qui serait conforme à cette illusion des joueurs. J'ai déjà parlé de la théorie des probabilités connexes; dans cette théorie on étudie, entre autres, un jeu pour lequel il y a une tendance à la diminution des écarts, proportionnelle à la valeur même de ces écarts. Une fonction arbitraire du temps que contient la formule et que l'on pourrait faire varier à volonté permettrait de tenir compte du degré d'illusion du joueur considéré et du plus ou moins de persistance de cette illusion, de sa variation avec le temps.

La loi de Bernoulli, lorsqu'elle n'est pas exprimée sous une forme suffisamment explicite, ne garantit pas le joueur contre ses illusions. Au contraire, elle semble renforcer par un argument rationnel, par une preuve mathématique, une idée tout à fait inexacte.

En disant que les événements se produisent, à la longue, en nombre proportionnel à leur probabilité, on énonce un théorème qui a besoin, comme nous l'avons vu, d'être sévèrement précisé;

sa mauvaise interprétation conduit à des résultats trompeurs et à des erreurs dangereuses.

Il faut bien comprendre qu'en considérant un événement comme devant se produire, dans une suite d'épreuves, en nombre proportionnel à sa probabilité, on commet une erreur. Plus le nombre des épreuves est considérable, plus l'erreur est petite en valeur relative et plus elle est grande en valeur absolue.

Bien souvent le joueur est frappé par le premier fait et perd de vue le second, celui qui cependant devrait le plus l'intéresser.

Quel que soit le jeu considéré, l'espérance mathématique totale est égale à la somme des espérances mathématiques de toutes les parties considérées isolément.

Les jeux pratiqués ordinairement, roulette, trente et quarante, petits chevaux, etc., sont désavantageux pour le ponte. Le désavantage total (espérance mathématique totale) est égal à la somme des désavantages de chaque partie considérée isolément.

Toutes les combinaisons possibles, toutes les martingales imaginables n'y changent rien.

Penser qu'un jeu désavantageux à chaque partie peut être avantageux dans l'ensemble est une erreur qui déconcerte le mathématicien et qui lui semble inconcevable.

Quand un joueur est persuadé d'avoir trouvé une combinaison assurant un bénéfice certain, ce n'est que par acquit de conscience que l'on doit essayer de le désabuser. Les raisonnements les plus probants n'ébranlent pas sa conviction et toutes les formules de l'algèbre ne peuvent altérer sa foi.

Il est curieux que l'échec du système et la perte qu'il entraîne ne découragent pas le vrai joueur; après l'insuccès, il pense toujours qu'une autre combinaison, la vraie celle-là, lui permettra de regagner la somme perdue et d'atteindre enfin la fortune. A un espoir déçu succède toujours un autre espoir.

# CHAPITRE XVI

## THÉORIES NOUVELLES DES PROBABILITÉS

------

### § 1. — Rayonnement des probabilités.

La probabilité qui est une abstraction rayonne comme un petit soleil.

La probabilité qui est une abstraction se désagrège comme le morceau de sucre que nous mettons dans un grog.

La probabilité naît d'une source instantanée; elle jaillit spontanément, avec une rapidité infinie, puis elle se diffuse lentement dans l'espace.

La probabilité est une sorte de fluide formant des ondes qui se propagent et qui s'éteignent comme les houles de l'Océan.

La probabilité n'est pas seulement le rapport de deux nombres dont le premier est toujours plus petit que le second; c'est une sorte de matière,

d'énergie, ... de chose qui se transforme et qui est,
pour ainsi dire, animée et mouvante.

Les analogies, les images, même vagues et indé-
cises, présentent un intérêt très réel qu'elles ne
tirent pas seulement de leur originalité ni de leur
imprévu. Parlant à l'imagination, elles permettent
souvent de mieux pénétrer un sujet trop abstrait;
parfois même, elles permettent d'entrevoir de
nouvelles vérités.

Ce qu'un rapprochement peut avoir d'inattendu
et d'étrange n'en diminue aucunement le prix.
Bien au contraire, le contraste dans la similitude
(si l'on peut dire) est, pour une analogie, un élément de valeur qui en renforce l'intérêt.

Dans notre domaine des probabilités, nous devons,
comme ailleurs sans doute, tirer profit de tous les
avantages qui peuvent nous venir du dehors.

Ce domaine a la réputation d'être très aride;
c'est l'abstraction dans toute sa sécheresse et dans
sa froide rigueur ; il faut donc s'efforcer d'acquérir
de nouvelles conceptions permettant d'en mieux
connaître les ressources et l'étendue.

La théorie du rayonnement ne présente rien de
très difficile; je ne peux cependant, dans ce petit
livre, en exposer les principes. Pour en comprendre tout l'intérêt, il faut d'ailleurs connaître la

théorie du mouvement de la chaleur. C'est le rapprochement des deux études qui est surtout curieux.

### § 2. — **Théorie des probabilités continues**.

Les problèmes les plus importants du calcul des probabilités sont évidemment ceux qui sont relatifs à de grands nombres d'épreuves.

Les lois du hasard ne peuvent apparaître sous leur forme absolument générale que si le nombre des épreuves est assez grand pour qu'il se produise une sorte de fusion qui fera disparaître ce qu'il y a de trop particulier dans chaque question pour ne laisser subsister que les caractéristiques essentielles.

Nous avons vu l'extrème simplicité et la réelle beauté des lois des grands nombres ; elles supposent, précisément, que cette sorte de fusion s'est opérée.

Pour obtenir les lois des grands nombres, on suppose d'abord qu'il s'agit d'un nombre quelconque d'épreuves, puis que ce nombre augmente de plus en plus, ce qui permet des simplifications par l'emploi de la célèbre formule de Stirling.

La théorie des probabilités continues procède autrement : elle ne passe pas des petits nombres aux grands nombres ; elle étudie directement le cas des grands nombres, et même elle remplace $a$

*priori* ces grands nombres par une variable continue que l'on peut nommer *le temps.*

L'introduction (facultative d'ailleurs) de la notion
de temps permet de concevoir la transformation
des probabilités comme un phénomène. Avantage
évident.

La théorie du rayonnement est un cas particulier de la théorie des probabilités continues ; on y
suppose qu'il s'agit réellement du temps et que la
transformation des probabilités s'opère suivant
une loi très simple. Ordinairement, la loi du mouvement des probabilités est plus complexe que
celle du rayonnement particulaire.

Un autre avantage des probabilités continues
est de permettre, pour toutes les questions, l'emploi direct et immédiat du calcul infinitésimal. Ce
calcul, beaucoup plus simple que le calcul des
quantités finies, permet de résoudre des problèmes
qui, par leur complication, seraient inabordables
avec les méthodes ordinaires.

Le premier mérite de la théorie consiste dans le
nombre des résultats nouveaux qu'elle a permis
d'obtenir et dans le degré de difficulté des questions qu'elle a étudiées.

En dehors de la supposition de la continuité,
une seconde conception fondamentale est celle de

l'unité du calcul des probabilités : tous les problèmes relatifs aux grands nombres sont ramenés à un type unique et présentés sous la même forme.

L'intérêt de cette unité de conception est évident : les différents problèmes étant présentés sous la même forme, il est possible de les comparer et de saisir leurs véritables caractères.

On peut ainsi établir une classification naturelle et logique des différents problèmes ; cette classification, basée sur des caractères réels, aussi utile au point de vue des études qu'au point de vue des recherches, fait de la théorie des probabilités continues une science méthodique et rationnelle.

On conçoit que la réunion de ces avantages ait permis la réalisation de nombreux progrès. Mon *Traité sur le calcul des probabilités* contient le développement systématique de la théorie des probabilités continues; je ne peux même pas essayer d'en donner un aperçu ici, je ne peux que résumer les deux principes qui en constituent la base : la supposition de la continuité de toutes les variables et la réduction de toutes les questions à un type unique.

### § 3. — Probabilités connexes.

Le calcul des probabilités ne doit pas se borner à l'étude des phénomènes de hasard pur.

Entre le hasard pur et la connaissance absolue s'étend un domaine immense sur lequel nous pouvons au moins risquer quelques pas timides.

Si l'on considère une longue suite d'épreuves, pour fixer les idées un jeu composé d'un grand nombre de parties, on est conduit aux lois classiques des grands nombres en supposant ces épreuves ou ces parties indépendantes les unes des autres.

Le hasard seul agit en chacune d'elles ou le hasard et une cause qui en est tout à fait indépendante. Les lois classiques des grands nombres sont les lois du hasard pur.

On comprend qu'il soit intéressant d'étudier des cas plus complexes où le hasard et d'autres causes n'agissent pas d'une façon indépendante ; où le hasard et les autres causes réagissent l'un sur l'autre.

Ce serait le cas, par exemple, pour un jeu où, à chaque partie, les conditions du jeu dépendraient de la perte totale antérieure du joueur. Ce qui se produirait à chaque partie ne dépendrait pas seulement du hasard et de conditions fixes connues d'avance, mais aussi de la résultante globale des parties antérieures.

Les problèmes qui ne supposent pas l'indépendance des épreuves successives sont relatifs aux « probabilités connexes », leur résolution est généralement très difficile.

Si l'on considère une suite d'épreuves, on peut imaginer que celles-ci se suivent à des intervalles de temps égaux. Quand le nombre des épreuves est très grand, chaque épreuve se produit dans un élément de temps (c'est-à-dire pendant un temps infiniment petit) et apparaît comme un phénomène élémentaire.

Dire que les épreuves sont indépendantes revient à dire que ce qui peut se passer dans un élément de temps ne dépend que du hasard et de constantes ou, plus généralement, du hasard et de fonctions explicites du temps.

Quand ce qui peut se passer dans un élément de temps dépend de quantités plus complexes, on dit qu'il y a *connexité*.

Il m'a été possible de faire la théorie de trois classes de ces probabilités.

La première suppose qu'il existe une cause tendant à diminuer les écarts produits par le hasard et d'autant plus effective que ces écarts sont plus

grands. Ce qui peut se passer dans chaque élément
de temps dépend du hasard et de la résultante des
faits antérieurs.

La seconde classe suppose que ce qui peut se
passer dans chaque élément de temps dépend du
hasard et de l'état maximum antérieur, c'est-à-dire
du plus grand écart qui s'est produit antérieurement. J'ai été conduit à la troisième classe par
l'étude des probabilités dynamiques dont je parle-
rai plus loin.

Il ne faut pas confondre ce que j'ai nommé probabilités connexes avec ce que j'ai appelé *probabilités mêlées*. Dans la théorie des probabilités
mêlées, dont j'ai fait connaître les premiers éléments, il y a quelques années, on considère des
événements qui peuvent s'enchevêtrer à chaque
épreuve, mais les épreuves successives sont indépendantes.

## § 4. — Probabilités cinématiques.

Nous disons qu'un problème est relatif aux probabilités cinématiques lorsqu'il consiste à étudier
les déplacements d'un point ou d'un système, ces
déplacements dépendant en totalité ou en partie
du hasard.

Le cas le plus simple est celui où l'on considère

le mouvement d'un point géométrique M, animé d'une vitesse dont la grandeur est constante et dont la direction varie constamment au hasard, toutes les directions ayant égale vraisemblance.

On comprend ce qu'il faut entendre par ces termes : à chaque millième de seconde, par exemple, la direction de la vitesse change brusquement et elle est, à chaque instant, indépendante des directions antérieures et de la position occupée par le point.

On démontre qu'en moyenne la distance du point M à sa position initiale est proportionnelle à la racine carrée du temps. C'est un résultat analogue à celui que nous avons constaté pour la loi des grands nombres ; le nombre des épreuves est ici remplacé par le temps.

L'étude du mouvement d'un point qui se meut au hasard n'est pas seulement intéressante au point de vue spéculatif, un tel mouvement existe dans la nature, c'est le mouvement brownien.

La difficulté du même problème est beaucoup plus grande quand les déplacements dus au hasard sont combinés avec des déplacements donnés, dépendant, par exemple, à chaque instant, de la position actuelle du point. On peut cependant résoudre le problème dans le cas le plus simple ; il est surtout intéressant quand il y a lutte entre

l'effet produit par le hasard et l'effet produit par
les autres déplacements. L'effet du hasard domine
en certaines régions de l'espace et l'effet des
autres déplacements en d'autres; ces régions sont
séparées par une surface neutre où les actions
s'équilibrent.

### § 5. — **Probabilités dynamiques.**

On dit qu'un problème est relatif aux probabilités dynamiques lorsqu'il consiste à étudier le
mouvement d'un point ou d'un système matériels,
les forces qui sollicitent ce point ou ce système
dépendant en totalité ou en partie du hasard.

On étudie d'abord le mouvement d'un point matériel libre, soumis à l'action d'une force dont la
grandeur est constante et dont la direction varie
constamment au hasard, toutes les directions ayant
égale vraisemblance.

On comprend ce qu'il faut entendre par ces termes : à chaque millième de seconde, par exemple,
la direction de la force change brusquement et elle
est, à chaque instant, indépendante des directions
antérieures et de la position occupée par le point.

Il s'agit de calculer la probabilité pour que le
point matériel ait une position et une vitesse données au bout du temps $t$.

La difficulté de la question provient de ce que le déplacement du point à chaque instant dépend, non seulement de la direction de la force, mais aussi de la vitesse acquise, c'est-à-dire du mouvement antérieur. On se trouve donc en présence d'un problème pour lequel les épreuves successives (ici des éléments de temps) ne sont pas indépendantes, on se trouve en présence d'un problème de « probabilités connexes » exigeant des artifices particuliers.

La vitesse du point croît, en moyenne, proportionnellement à la racine carrée du temps et sa distance au point de départ croît, en moyenne, proportionnellement à la puissance 3/2 du temps.

On peut même étudier le mouvement du point dans un milieu résistant et quelques questions sur le mouvement du corps solide.

La théorie des probabilités cinématiques et dynamiques, que je nomme aussi *mécanique du hasard*, peut donner lieu à d'intéressantes recherches.

# CHAPITRE XVII

## LE HASARD ET L'EXPÉRIENCE

Vérifier par l'expérience les lois mathématiques du hasard peut sembler ridicule, la théorie des probabilités basée sur des raisonnements rigoureux, sur une logique impeccable est exacte au même titre que toute l'analyse mathématique, et des faits matériels, quels qu'en soient le nombre et la nature, ne sauraient avoir aucune influence sur la valeur de ses déductions, au point du vue purement rationnel.

Mais le calcul des probabilités, qui n'est pas ce qu'il y a de plus difficile dans la science, est peut-être ce qui est compris par le moins de gens, et comme il ne présente rien qui soit visible ni tangible, comme il conserve pour beaucoup quelque chose de mystérieux, ses conclusions ne sont souvent accueillies qu'avec un profond scepticisme.

L'expérience est le dernier moyen qui reste pour convaincre les incrédules. Mais l'expérience n'est pas utile qu'à ceux-là : sans avoir le moindre doute sur la vérité d'une loi mathématique, on peut trouver intérêt à constater jusqu'à quel point un résultat matériel peut approcher d'un résultat indiqué par la théorie pure.

Les données d'un problème de calcul des probabilités peuvent d'ailleurs être hypothétiques, le calcul les transforme de façon que l'expérience puisse leur être appliquée; l'expérience peut affirmer ou infirmer les hypothèses; elle n'a pas pour effet d'affirmer ou d'infirmer le calcul qui n'est qu'un mode de transformation logique.

La justification des hypothèses peut être utile dans certains cas, par exemple lorsqu'on veut appliquer pratiquement la théorie mathématique de la spéculation.

Plus souvent qu'à justifier des hypothèses, l'expérience sert à vérifier de simples chiffres, et même dans bien des cas elle constitue le seul procédé qui permette d'obtenir la valeur approchée d'une probabilité, non seulement quand il s'agit de phéno- mènes dont les causes sont inanalysables par suite de notre ignorance, mais encore quand il s'agit de phénomènes dont les causes parfaitement connues conduisent à des calculs pratiquement impossibles.

Il est d'ailleurs toujours intéressant de comparer les chiffres donnés par la théorie avec ceux que fournit l'observation ; de leur similitude ou de leur dissemblance peut toujours résulter une conclusion utile.

Galton imagina un appareil destiné à donner une manifestation immédiatement visible de la loi des grands nombres.

Cet appareil que je ne puis décrire ici, quoiqu'il soit assez simple, ne peut évidemment rien prouver pour ou contre une loi mathématique ; si ses indications n'étaient pas conformes à la loi mathématique, il faudrait en conclure que sa construction est défectueuse et que le hasard n'est pas le seul élément qui intervient dans l'expérience.

L'idée de donner une représentation immédiate visible et matérielle de la loi des grands nombres est fort intéressante, et l'ingénieux appareil de Galton mériterait d'être plus connu.

R. Wolf a effectué des séries d'expériences matérialisant le problème de l'aiguille de Buffon.

Les observations de Wolf, portant seulement sur cinq mille expériences, donnent pour valeur du

rapport $\pi$ de la circonférence au diamètre le nombre
3.1596. L'erreur n'atteint pas un centième, c'est
peu si l'on a égard au nombre relativement restreint des expériences.

La roulette permet la réalisation à peu près parfaite des lois du hasard.

La roulette comprend 37 numéros; à 18 d'entre
eux correspond la couleur rouge, à 18 autres la
couleur noire; le trente-septième numéro est le
zéro. Quand le zéro sort, l'établissement de jeu
garde la moitié des mises et rembourse l'autre
moitié. La probabilité pour obtenir noir est donc
18/37.

Une première vérification très facile s'obtient
par la série d'au moins cinq noirs. D'après la théorie, la valeur moyenne du nombre des parties qu'il
faut jouer pour que noir se présente au moins
cinq fois de suite, est 69,52.

Sur 110.283 parties, il s'est produit 1.594 séries
d'au moins cinq noirs, soit en moyenne une série
sur 69,18 parties.

La série d'au moins six noirs conduit à une
vérification analogue; d'après la théorie, il doit en
moyenne se produire une série d'au moins six
noirs en 144,95 parties.

Sur 110.284 parties, il s'est produit 762 séries

d'au moins six noirs ; soit, en moyenne, une série en 144,73 parties.

La série d'au moins sept noirs doit se produire, en moyenne, en 299,94 parties, d'après le calcul. Sur 110.109 expériences, il y a eu 368 séries de sept noirs ou plus ; soit une série en 299,62 parties.

La valeur moyenne du nombre des parties qu'il faut jouer pour obtenir une série d'au moins huit noirs est 624, d'après la théorie. Sur 110.109 parties, il s'est produit 176 séries de huit noirs ou plus ; soit une série en 625 parties.

Considérons un autre genre de vérification : la probabilité de rouge étant 18/37, la valeur moyenne, probable et plus probable du nombre des arrivées de rouge en 518 parties, est $18/37 \times 518$ ou 252.

La différence entre le nombre des arrivées de rouge en 518 parties et la valeur normale 252 est l'écart.

La valeur moyenne de l'écart considéré en valeur absolue doit être, d'après la théorie, 9,07.

L'expérience portant sur 51.800 parties, divisées en 100 groupes de 518 parties, a donné 8,96, résultat satisfaisant si l'on tient compte du petit nombre des groupes.

Autre vérification : la probabilité du zéro est 1/37. La probabilité pour que, sur 65 parties, le zéro ne sorte pas une seule fois, est 0,168.

Sur 1.610 groupes de 65 parties, il y a eu 266 groupes ne contenant pas le zéro ; la probabilité pour qu'il ne sorte pas de zéro serait donc, d'après l'expérience, $\frac{266}{1.610} = 0,165$. Le nombre donné par l'expérience est, comme on voit, très voisin du nombre théorique.

Les formules contenues dans mon *Traité du calcul des probabilités* permettraient bien d'autres vérifications ; elles permettent aussi de résoudre des problèmes très difficiles sur la roulette.

### § 1. — **Les décimales du nombre** $\pi$.

Relativement au nombre $\pi$, on s'est posé depuis longtemps une question curieuse intéressant le calcul des probabilités : les décimales de ce nombre peuvent-elles être considérées comme se succédant au hasard ?

On conçoit ce qu'il faut entendre par cette expression : si l'on pouvait calculer $\pi$ avec un million de décimales, il y aurait, d'après la loi de Bernoulli, cent mille fois environ le chiffre zéro, cent mille fois environ le chiffre un, cent mille fois environ chacun des chiffres 2, 3, 4, 5, 6, 7, 8, 9 si les décimales se succédaient au hasard. Il est bien évident, qu'elles se suivent, en réalité, d'après une loi inflexible, mais il n'est pas certain que cette loi ne donne pas, dans l'ensemble, des résultats analogues à ceux que donnerait le hasard.

Il semble difficile de prouver par des arguments logiques que les décimales de $\pi$ se succèdent au hasard, nous aurons donc recours à l'expérience en remarquant que ses conclusions n'apportent pas une véritable preuve.

Un mathématicien qui a montré une bien belle patience, M. Shanks, a calculé le nombre $\pi$ avec 707 décimales.

Ces décimales sont-elles exactes ? Elles le sont probablement sans que l'on puisse l'affirmer. La bonne foi du calculateur est hors de doute, mais le calculateur le plus habile et le plus consciencieux peut commettre une erreur; il est cependant vraisemblable que les chiffres sont exacts.

Les décimales

$$0, 1, 2, 3, 4, 5, 6, 7, 8, 9,$$

se sont produites respectivement en nombre

$$74, 78, 74, 72, 71, 64, 70, 53, 72, 79.$$

Comme on voit, le chiffre 7 pris un retard inquiétant et l'on peut se demander si le nombre $\pi$ n'a pas une antipathie marquée pour ce chiffre.

La valeur normale du nombre des arrivées de chaque chiffre en 707 épreuves (en supposant que ce soit le hasard qui les désigne) est 70,7, la différence entre le nombre des arrivées d'un chiffre en 707 épreuves et 70,7 est l'écart. Les écarts sont ici :

$$3,3 \qquad 7,3 \qquad 3,3 \qquad 1,3 \qquad 0,3$$
$$-6,7 \quad -0,7 \quad -17,7 \qquad 1,3 \qquad 8,3$$

L'écart — 17,7 correspondant au chiffre 7 paraît très considérable. La théorie des grands nombres permet de calculer la probabilité pour que, sur 707 épreuves, un événement de probabilité 1/10 se produise avec un écart égal ou supérieur à $\pm\,17,7$. Cette probabilité est 0,026, elle n'est pas exagérément petite si l'on considère qu'il s'agit du plus mauvais écart.

Faire le procès du plus mauvais écart ne donne pas une idée de la valeur de l'ensemble.

Se former une telle idée est beaucoup plus difficile, il faut considérer l'analogue des ellipsoïdes de probabilité dans un espace à neuf dimensions.

L'analyse du sujet m'a conduit aux conclusions suivantes : l'ensemble des écarts est caractérisé par un nombre.

Dans le cas étudié, si les écarts sont dus au hasard, le nombre caractéristique a pour valeur moyenne 17,33 ; pour valeur probable (valeur qui a autant de chances d'être ou ne pas être dépassée), 17,15 ; pour valeur la plus probable, 16,82 ; pour valeur moyenne quadratique (racine carrée de la valeur moyenne des carrés), 17,88. Il n'y a pas 3 chances sur 100 pour que ce nombre soit inférieur à 10, ni 3 chances sur 1.000 pour qu'il soit supérieur à 30.

En appliquant la formule aux décimales de $\pi$, le nombre caractéristique a pour valeur 16, valeur qui a probabilité 0,61 pour être dépassée.

Si donc les écarts étaient produits par le hasard, deux fois sur cinq, ils seraient plus petits dans l'ensemble que dans le cas du nombre $\pi$, trois fois sur cinq ils seraient plus grands.

Ce résultat est très satisfaisant ; *autant que l'expérience permet de l'affirmer, les décimales du nombre $\pi$ se succèdent au hasard.*

Relativement à la détermination du nombre $\pi$ par le hasard, j'ai déjà cité les expériences de Wolf ; je vais maintenant dire quelques mots d'un autre procédé dont l'idée vient tout naturellement à l'esprit quand on étudie les lois des grands nombres. Il s'agit de la détermination de $\pi$ par le jeu de pile ou face.

On jette mille fois au hasard une pièce de monnaie, si pile se présente 508 fois, par exemple, nous disons que l'écart est 8. Plus généralement, nous nommons écart la différence entre le nombre des arrivées de pile et le nombre normal 500.

Supposons que l'on fasse plusieurs séries de mille jets; pour chaque série on note l'écart considéré en valeur absolue, c'est-à-dire sans tenir compte de son signe et l'on calcule le carré de l'écart.

Si l'on fait le produit par 2.000 de la somme des carrés des écarts obtenus dans les différentes séries et si l'on divise par le carré de la somme des écarts pris en valeur absolue, le résultat obtenu doit tendre vers $\pi$ quand le nombre des séries augmente de plus en plus.

Ce résultat est fort intéressant, mais il est dénué de toute valeur pratique; cent millions de séries donneraient vraisemblablement l'approximation vulgaire $\pi = 3,1416$ et toute nouvelle décimale demanderait cent fois plus de séries que la précédente, car l'approximation dépend de la racine carrée du nombre des séries. D'ailleurs, si l'on voulait obtenir $\pi$ avec une grande exactitude, il faudrait employer des séries de plus de mille jets.

Le résultat théorique est fort curieux, c'est pourquoi il est utile de le signaler. Pratiquement, sa valeur est nulle comme celle d'autres procédés analogues que l'on pourrait imaginer et qui exigeraient sans doute des nombres encore plus grands.

# CHAPITRE XVIII

## LA SPÉCULATION

———

Dans la théorie de la spéculation on suppose que
les variations du cours de la rente, par exemple,
sont dues au hasard et on étudie les lois de ces
variations, c'est-à-dire que l'on cherche la probabilité pour que, à une époque déterminée, le cours
diffère d'une quantité donnée du cours actuel.

En disant que les variations des cours sont dues
au hasard, on veut exprimer que, par suite de
l'excessive complexité des causes qui produisent
ces variations, tout se passe, en réalité, comme si
le hasard agissait seul.

Dans la théorie de la spéculation, on se garde
donc bien d'entreprendre l'analyse des causes
qui peuvent agir sur les cours; cette recherche
serait vaine et ne pourrait conduire qu'à des

erreurs. C'est précisément parce que l'on veut tout ignorer qu'il est possible de savoir, c'est précisément parce que cette étude semble d'une complication inextricable qu'elle est, en réalité, d'une très grande simplicité.

Au point de vue des applications, la théorie de la spéculation est fort utile, puisque les résultats que fournit l'examen des cotes sont en parfait accord avec ceux que fournit le calcul.

Cette concordance entre la théorie et l'observation est également intéressante au point de vue philosophique ; elle prouve, en effet, que le marché de la rente obéit à la loi du hasard.

Ce résultat était du reste à prévoir, un tel marché, soumis constamment à une infinité d'influences variables et qui agissent dans divers sens, doit finalement se comporter comme si aucune cause n'était en jeu et comme si le hasard agissait seul. Les résultats de la théorie ne pourraient être mis en défaut que si une cause agissait constamment dans le même sens ; en général, la diversité des causes permet leur élimination, l'incohérence même du marché est sa méthode, et c'est parce qu'il n'obéit à aucune loi qu'il suit fatalement la loi du hasard.

C'est surtout au point de vue de la science pure

que la théorie de la spéculation a été utile ; elle a
introduit d'une façon nécessaire, dans le calcul
des probabilités, la notion de temps et de continuité absolue ; elle a fait naître la théorie du
rayonnement des probabilités et la théorie des
probabilités continues ; elle a permis de concevoir
les lois du hasard d'une façon plus profonde et
plus générale ; elle a exprimé sous une forme pure
et parfaite la loi des grands nombres, libérée de
ses défauts originels, de ses contingences avec
les probabilités discontinues, de ses approximations, de ses asymptotismes. Si la spéculation
n'existait pas, il faudrait l'imaginer pour mieux
concevoir les lois du hasard.

## § 1. — Variation et instabilité.

Plaçons-nous en un instant déterminé et, pour
fixer les idées, supposons qu'il s'agisse de la rente
française.

Le cours côté à cet instant est le cours pour
lequel il y a autant d'acheteurs que de vendeurs ;
les acheteurs croient à la hausse, les vendeurs à
la baisse. *Le marché*, c'est-à-dire l'ensemble des
spéculateurs, ne croit ni à la hausse ni à la baisse,
puisque, pour le cours coté, il y a autant d'acheteurs que de vendeurs ; il considère donc le cours

coté comme représentant la valeur réelle du titre considéré.

Mais si le marché ne croit ni à la hausse ni à la baisse, il peut supposer plus ou moins probables des mouvements d'une certaine amplitude.

L'amplitude des mouvements (telle que l'admet le marché) est mesurée à chaque instant, pour une valeur déterminée, par une seule quantité, par un seul paramètre que l'on nomme *coefficient d'instabilité*.

Si ce coefficient est grand, le marché admet que de forts mouvements en hausse ou en baisse sont probables, s'il est petit, le marché admet que les variations seront probablement assez faibles.

Nous nous sommes placés en un certain instant ; une minute après, pour des raisons dont nous devons nous garder d'entreprendre l'analyse, on cote un autre cours et le marché admet un autre coefficient d'instabilité.

Un moment après on cotera un autre cours et le marché admettra un autre coefficient, et ainsi de suite.

A chaque instant il y a donc à considérer le cours actuel et le coefficient d'instabilité qui mesure le plus ou moins d'amplitude des variations futures.

(Il s'agit évidemment des cours de la rente à

terme et il faut corriger les cours cotés de l'effet des coupons et des reports. Pour l'étude de ces corrections, je ne peux que renvoyer à mon ouvrage sur la théorie de la spéculation.)

### § 2. — Principe de l'espérance mathématique.

Les opérations de bourse sont soumises à la *loi de l'offre et de la demande* et comme tout spéculateur est libre d'entreprendre soit une opération, soit son inverse, on ne peut admettre qu'une opération de spéculation favorise ou défavorise *a priori* l'un des contractants. Une opération qui favoriserait systématiquement l'un des contractants ne trouverait pas de contre-partie.

Une opération ne peut être, *a priori*, ni avantageuse ni désavantageuse ; c'est ce que l'on exprime en disant :

*L'espérance mathématique de toute opération est nulle.*

Il faut bien se rendre compte de la généralité de ce principe, il s'applique non seulement aux opérations à terme fermes et aux opérations à prime devant expirer à une époque déterminée, mais aussi à toute opération, quelle qu'en soit la complexité, qui serait basée sur des mouvements ultérieurs des cours.

## § 3. — **Loi de la probabilité**.

Plaçons-nous, comme précédemment, en un
instant déterminé, on cote un certain cours.

Nous prenons ce cours pour base, c'est-à-dire
que nous rapportons toutes les variations futures
à ce cours coté actuellement.

Nous prenons donc le cours actuel pour zéro afin
de n'avoir à considérer que des écarts; par exemple,
si le cours actuel sur la rente française est 95 francs,
le cours 95,50 équivaut à un écart de 0 fr. 50, le
cours 94,75 équivaut à un écart de —0 fr. 25.

L'écart est positif quand il correspond à une
hausse au-dessus du cours actuel, il est négatif
quand il correspond à une baisse.

Cette définition de l'écart étant bien comprise,
nous pouvons énoncer les résultats auxquels conduit la théorie et auxquels le marché obéit inconsciemment.

La probabilité d'un écart positif quelconque pour
une certaine époque est égale à la probabilité de
l'écart négatif de même amplitude pour la même
époque.

Par exemple, il y a même probabilité pour que,
au bout de quinze jours, il y ait 20 centimes de
hausse ou 20 centimes de baisse.

Les écarts suivent la loi des grands nombres :

*Les rapports des écarts qui ont des probabilités données d'être dépassés sont toujours les mêmes, quelle que soit l'époque future considérée.*

Si le marché, par exemple, admet qu'il y a une chance sur deux pour que l'écart $\pm 23$ c. soit dépassé au bout d'un mois, il admet qu'il y a une chance sur trois pour que l'écart

$$\pm 23 \times \frac{30}{21} = \pm 33$$

soit dépassé à la même époque et une chance sur quatre pour que l'écart $\pm 23 \times \frac{37}{21} = \pm 40$ soit dépassé la même époque (se reporter à l'exemple de la page 97).

Il y a probabilité 0,177 pour que l'écart double de l'écart probable soit dépassé. L'écart probable étant ici $\pm 23$ c., le marché admet qu'il y a environ neuf chances sur cent pour que, au bout d'un mois, l'écart $+ 46$ c. soit dépassé en hausse et environ neuf chances sur cent pour que l'écart $- 46$ c. soit dépassé en baisse.

Quand on connaît l'écart probable relatif à une époque future, on connaît les probabilités de tous les écarts relatifs à cette même époque.

Tout ce qui a été dit relativement à la loi des grands nombres, peut s'appliquer ici; en particulier :

*Les écarts sont proportionnels à la racine carrée du temps.*

(Il s'agit d'écarts isoprobables.)

Si le marché admet actuellement qu'il y a deux chances sur sept pour que l'écart $\pm 32$ c. soit dépassé au bout d'un mois, il admet qu'il y a deux chances sur sept pour que l'écart $\pm 32 \times 2 = \pm 64$ soit dépassé au bout de quatre mois.

(Cette dernière loi n'est pas une conséquence nécessaire des principes de la théorie, elle exige un principe de plus dit *principe de l'uniformité*, que nous admettrons et que d'ailleurs le marché vérifie presque toujours, les statistiques le prouvent.)

Tous les écarts suivent donc une même loi. Connaissant la probabilité pour que l'un d'eux soit dépassé, on peut calculer la probabilité pour qu'un autre écart soit dépassé.

Les probabilités dépendent au même instant d'une seule quantité : le coefficient d'instabilité.

Nous nous sommes placés en un instant déterminé; cinq minutes après le cours sera différent, le marché admettra toujours les mêmes lois, mais avec un autre coefficient d'instabilité.

Quelques instants après, le cours aura encore changé, le marché admettra toujours les mêmes lois, mais avec un nouveau coefficient d'instabilité.

L'existence d'un coefficient unique à chaque instant, variable d'un instant à l'autre, est une conséquence du principe de l'uniformité, principe dont je ne crois pas utile de donner l'énoncé, car il est très délicat et peut donner lieu à de fausses interprétations.

Ce principe est presque toujours vérifié par le marché et nous pouvons, pratiquement, le considérer comme exact. Il est cependant intéressant, au point de vue rationnel, de remarquer que la plupart des résultats de la théorie de la spéculation sont indépendants de ce principe et qu'ils ont ainsi un très haut degré de généralité.

Chaque fois qu'un résultat sera basé sur le principe de l'uniformité, nous aurons soin de le signaler, c'est un luxe auquel peut obliger la philosophie scientifique; pour une étude pratique, ce luxe serait superflu.

### § 4. — Jeu et spéculation.

On comprend la différence qui existe entre le jeu et la spéculation : le joueur est certain de pouvoir constamment jouer dans des conditions identiques, le spéculateur ignore les variations futures du coefficient d'instabilité.

Le spéculateur se trouve à peu près dans les

mêmes conditions que s'il jouait constamment à pile ou face, mais avec des mises variables, suivant les caprices d'un être imaginaire que nous nommons le marché.

Une autre différence existe entre le jeu et la spéculation : le joueur à un jeu équitable ne peut avoir, raisonnablement, la prétention de gagner; le spéculateur, au contraire, croit que très probablement il gagnera.

Le spéculateur professe ordinairement un profond dédain pour le joueur qu'il considère comme une sorte d'automate alors que lui est un être pensant ayant un pouvoir de divination supérieur.

En réalité, joueur et spéculateur perdent autant d'argent l'un que l'autre, il n'y a de différence que dans la manière.

Les courtages sont, pour le spéculateur, l'équivalent du zéro à la roulette; s'ils n'existaient pas, les opérations de Bourse seraient rigoureusement équitables en vertu de la loi de l'offre et de la demande.

Il serait aussi impossible d'inventer une combinaison faisant nécessairement perdre sur la rente qu'il serait impossible d'en inventer une faisant certainement gagner.

### § 5. — **Premier problème de la théorie de la spéculation.**

Le problème le plus simple de la théorie de la spéculation consiste à chercher la probabilité pour qu'un cours donné soit coté à une époque donnée, ou, ce qui revient au même, à chercher la probabilité pour qu'un cours donné soit dépassé à une époque donnée.

Par exemple, on demande la probabilité pour que, au bout de vingt-cinq jours, le cours de la rente soit d'au moins quinze centimes supérieur au cours actuel.

Le problème est analogue à celui que nous avons résolu lorsqu'il s'agissait des écarts dans les jeux ou de la loi des grands nombres. On a construit, nous le savons, des tables donnant les valeurs toutes calculées des probabilités.

Pour le cas particulier de la spéculation, la petite table qui figure, au milieu de mon livre, sur les probabilités est, pratiquement, très suffisante et permet, à toute question, une réponse immédiate n'exigeant aucun calcul.

### § 6. — **Second problème de la théorie de la spéculation.**

Un autre problème consiste à chercher la probabilité pour qu'un cours donné soit dépassé avant une époque donnée.

Par exemple, on demande la probabilité pour que, avant vingt-cinq jours, le cours de la rente soit, à un moment quelconque, quinze centimes au-dessus du cours actuel.

On comprend la différence entre ce second problème et le précédent : on demandait la probabilité pour que l'écart 15 c. soit dépassé « au bout » de 25 jours, on demande maintenant la probabilité pour que l'écart 15 c. soit dépassé « avant » 25 jours.

Cette seconde probabilité est évidemment plus grande que la précédente, car le cours ne peut être supérieur à 15 c. au bout de 25 jours sans l'avoir été antérieurement, tandis que, dans l'intervalle de 25 jours, il peut, à un moment donné, dépasser la valeur 15 c. et rétrograder ensuite de façon à être inférieur à 15 c. au bout de 25 jours.

Ce second problème se ramène facilement au premier :

La probabilité pour qu'un cours soit atteint avant une certaine époque est le double de la probabilité pour que ce cours soit dépassé à cette même époque.

Si le marché admet qu'il y a deux chances sur sept pour que le cours [15 c. soit [dépassé au bout de 25 jours (c'est-à-dire [pour que, au bout de 25 jours, le cours soit supérieur à 15 c.), il admet qu'il y a quatre chances sur sept pour que le cours 15 c. soit dépassé dans l'intervalle de ces 25 jours.

Si le marché admet qu'il y a une chance sur trois pour que le cours — 10 c. soit dépassé au bout de 16 jours (c'est-à-dire pour que, au bout de 16 jours, le cours soit inférieur à — 10 c.), il admet qu'il y a deux chances sur trois pour que le cours — 10 c. soit dépassé dans l'intervalle de ces 16 jours.

Les mêmes tables de probabilité, qui servaient pour le premier problème, peuvent servir pour le second ; il suffit de doubler les chiffres.

On peut résoudre, sur la spéculation, des problèmes très intéressants et très difficiles dont l'étude ne peut trouver place ici.

Pour les calculs numériques, il est nécessaire de connaître l'écart probable relatif à l'époque considérée ; cette donnée se déduit des écarts des primes par des procédés qui seront décrits plus loin.

Ce qu'il faut bien comprendre, c'est que nous calculons la probabilité qu'admet *actuellement* le marché, d'après ses données *actuelles*, c'est-à-dire d'après les écarts actuels des primes. Rien, dans nos calculs, n'est basé sur des résultats antérieurs.

## § 7. — **Courbe de probabilité.**

La probabilité pour que, au bout d'un certain temps $t$, l'écart soit $x$, est une fonction de $x$ que l'on peut représenter par une courbe.

Sur la figure de la page 107 sont représentées deux courbes de probabilité ; la courbe A B C étant relative aux écarts pour une certaine époque $t$, la courbe A′B′C′ est relative aux écarts pour l'époque $4t$.

Il faut remarquer que le coefficient d'instabilité pouvant varier d'un instant à l'autre, les courbes, pour une même époque, peuvent, d'un instant à l'autre, devenir plus évasées ou plus concentrées ; mais, dans leurs variations, comme je l'ai remarqué quand il s'agissait de la loi des grands nombres, elles passent toujours par les mêmes formes.

Toutes ces courbes appartiennent à ce que les mathématiciens appellent une même famille.

J'insiste encore sur ce point important : ce que nous entendons par probabilité d'un écart ou plus généralement d'une éventualité quelconque dépendant de la spéculation, est la probabilité que lui attribue actuellement le marché, c'est-à-dire l'ensemble des spéculateurs.

La probabilité d'une éventualité quelconque (par exemple, la probabilité pour qu'un cours donné soit dépassé avant une certaine époque), varie sans cesse, non seulement par suite de la variation du cours, mais encoré par suite de la variation du coefficient d'instabilité.

Au point de vue scientifique, on peut généraliser la théorie de la spéculation et ne pas admettre que l'état de la rente soit caractérisé, en dehors des cours, par un coefficient unique ; on peut aussi rejeter la loi de l'offre et de la demande. On obtient ainsi une théorie qui est supérieure au point de vue purement scientifique, mais qui, à un autre point de vue, a perdu beaucoup de son intérêt, parce qu'elle n'est plus, à proprement parler, une théorie de la spéculation.

# CHAPITRE XIX

## OPÉRATIONS DE SPÉCULATION

Il y a deux principales sortes d'opérations de spéculation : les opérations fermes, les opérations à primes.

Ces opérations peuvent se combiner à l'infini, d'autant qu'on traite souvent plusieurs sortes de primes.

L'acheteur ferme ne limite ni son gain, ni sa perte ; il gagne la différence entre le cours d'achat et le cours auquel il termine son opération par une vente. En d'autres termes, il gagne la valeur de l'écart quand cet écart est positif, il perd la valeur de l'écart quand cet écart est négatif.

L'inverse a lieu pour le vendeur ferme.

*Prime simple.* — Les primes permettent de spéculer en courant un risque limité d'avance à une certaine somme qui est le montant ou la valeur ou l'importance de la prime.

La prime simple se traite à l'étranger et, en France, dans la spéculation sur les marchandises.

Le spéculateur A croyant prévoir la hausse pour une certaine époque $t$, et ne voulant pas courir le risque d'une perte illimitée, se rend acquéreur d'une prime à la hausse pour l'échéance $t$.

Il verse d'abord une certaine somme, dite prime simple, à un spéculateur B qui, lui, croit à la baisse.

Moyennant le paiement de cette prime, le spéculateur A acquiert les avantages de l'acheteur ferme, mais sans courir ses risques.

A l'époque de l'échéance $t$, il gagne, comme l'acheteur ferme, s'il y a hausse au-dessus du cours actuel, mais il ne perd rien s'il y a baisse.

Le preneur de prime simple perd au maximum la valeur de la prime, son risque est limité à cette somme; son gain, par contre, peut être illimité.

On traite de même des primes à la baisse dont la valeur est évidemment égale à celle de la prime à la hausse qui a même échéance.

Pour obtenir la valeur de la prime simple, il suffit d'appliquer le principe de l'espérance mathématique : puisque chacun est libre d'acheter ou de vendre des primes, l'opération n'est, *a priori*, ni avantageuse, ni désavantageuse :

*L'espérance mathématique de toute opération est nulle.*

En écrivant que l'espérance du preneur de prime simple est nulle, on obtient la valeur de cette prime si l'on connaît l'écart probable, ou inversement.

Lorsqu'on connaît la valeur de la prime simple pour une certaine époque, il suffit de la multiplier par 1,688 pour obtenir l'écart probable relatif à cette même époque, c'est-à-dire l'écart qui a autant de chances d'être ou de ne pas être dépassé.

*La probabilité de réussite du preneur de prime simple est indépendante de l'époque de l'échéance, elle a pour valeur 0,345.*

Au même instant, on peut traiter des primes simples pour des échéances diverses.

*La valeur de la prime simple doit être proportionnelle à la racine carrée du temps qui sépare de l'échéance.*

La prime simple pour quatre mois est le double de la prime simple pour un mois, quand ces deux primes sont traitées au même instant.

La loi de proportionnalité à la racine carrée du

temps est basée sur les principes ordinaires de la théorie auxquels on adjoint « le principe de l'uniformité » dont il a déjà été parlé. Ce principe a pour conséquence l'existence, à chaque instant, d'un coefficient unique dit coefficient d'instabilité caractérisant à lui seul l'amplitude des variations futures.

Le coefficient d'instabilité est la valeur de la prime simple pour l'unité de temps.

*Stellage.* — Un spéculateur A, croyant prévoir un grand mouvement dans un sens ou dans l'autre, et voulant limiter son risque, se rend preneur d'un stellage ou double prime, composé d'une prime à la hausse et d'une prime à la baisse.

La probabilité de réussite du preneur de stellage est 0,425.

## § 1. — Les primes, en général.

Dans la spéculation sur les valeurs, en France, on traite des primes analogues à celles que nous venons d'étudier, mais d'une nature un peu plus complexe :

Le spéculateur A, croyant prévoir la hausse pour une certaine époque $t$ (par exemple, la fin du mois), et ne voulant pas courir le risque d'une perte illimitée, se rend acquéreur d'une prime à la hausse pour l'échéance $t$.

Il verse d'abord une certaine somme dite prime à un spéculateur B qui, lui, croit à la baisse.

Moyennant le paiement de cette prime, le spéculateur A acquiert les avantages de l'acheteur ferme, mais sans courir ses risques.

Si la prime payée par A est la prime simple, A acquiert les avantages de l'acheteur ferme au cours actuel.

Si la prime payée par A est inférieure à la prime simple, A acquiert les avantages de l'acheteur ferme, mais à un cours supérieur au cours actuel, à un cours $m$, dit cours du pied de la prime, fixé par la loi de l'offre et de la demande et dépendant de la prime payée, de l'époque de l'échéance et de l'instabilité qu'admet actuellement le marché.

Si la prime payée par A est supérieure à la prime simple, A acquiert les avantages de l'acheteur ferme, mais à un cours inférieur au cours actuel, à un cours $m$ (négatif), dit cours du pied de la prime et dépendant des mêmes causes que précédemment.

La somme payée par A (en prenant pour unité un seul titre ou 3 francs de rente 3 %) est nommée le montant, la valeur ou l'importance de la prime.

Il est bien évident que, pour une même échéance,

le cours du pied de la prime est d'autant plus bas que la prime est plus importante.

A égalité d'importance de la prime, le cours du pied de la prime est d'autant plus élevé que l'échéance est plus éloignée.

L'acheteur A acquiert par le paiement de la prime les avantages de l'acheteur ferme, au cours $m$; son risque est limité au montant de la prime. Si, à l'époque de l'échéance, le cours est supérieur à $m$, l'acheteur A gagne la différence comme s'il avait acheté ferme au cours $m$; par contre, si, à cette époque, le cours est inférieur à $m$, l'acheteur A ne perd rien.

Moyennant le paiement de la prime, l'acheteur A s'est, en quelque sorte, assuré contre l'éventualité d'une perte.

Il est dans les usages d'employer l'expression de *réponse* d'une prime au lieu d'échéance d'une prime et de dire que l'on a acheté une prime *dont* $h$, au lieu de prime de valeur $h$.

En réalité, les primes ne se paient pas d'avance, mais seulement après la réponse. Ce détail n'a d'importance qu'au point de vue de la comptabilité; il est, pour nous, sans intérêt.

Supposons, par exemple, que le cours de la rente française soit 95 francs. Le spéculateur A, prévoyant une hausse pour la fin du mois et ne voulant pas courir les risques d'un achat ferme, achète la rente pour la réponse de la fin du mois au cours de 95 fr. 15 dont 0 fr. 10.

Cela revient à dire que le spéculateur A verse d'abord 0 fr. 10 par 3 francs de rente (son risque est limité à cette somme) et qu'il acquiert de ce fait les avantages de l'acheteur ferme au cours de 95 fr. 05, c'est-à-dire au cours de 95 fr. 15 diminué de 0 fr. 10, importance de la prime.

Si, au moment de la réponse, le cours est inférieur à 95 fr. 05, le spéculateur ne perd que 0 fr. 10, montant de la prime.

A partir de 95 fr. 05 il commence à gagner sur l'achat. A 95 fr. 10 il gagne 0 fr. 05 sur l'achat, et comme il a payé 0 fr. 10 sur la prime, sa perte totale est 0 fr. 05.

A 95 fr. 15, le spéculateur gagnant 0 fr. 10 sur l'achat et perdant 0 fr. 10 sur la prime, se trouve à égalité.

Au-dessus de 95 fr. 15, il gagne proportionnellement à la hausse; par exemple, à 95 fr. 40, il gagne 0 fr. 25 par 3 francs de rente.

Le cours 95 fr. 15 est *le cours de la prime*; c'est ce cours qui figure sur les cotes; le cours du pied de la prime est 95 fr. 05.

On voit que l'opération est assimilable à un achat ferme effectué au cours de 95 fr. 15, le cours ne pouvant baisser au-dessous de 95 fr. 05. Quand, en réalité, le cours est inférieur à 95 fr. 05, la perte est 0 fr. 10.

Le cours du pied de la prime s'obtient en retranchant du cours de la prime l'importance de cette prime.

*L'écart* de la prime est la différence entre son cours et le cours du ferme. Cet écart est évidemment toujours positif; il est égal à 0 fr. 15 dans l'exemple considéré.

L'écart d'une prime dépend de son importance, de la durée qui sépare de la réponse et de l'instabilité supposée par le marché.

Il est évident que, pour une même échéance ou réponse, l'écart d'une prime est d'autant plus grand que son importance est plus faible.

Il est encore évident que l'écart d'une prime d'une importance donnée est d'autant plus grand que l'échéance est plus éloignée.

Quand l'instabilité du marché augmente, les écarts des primes augmentent nécessairement; on dit qu' « ils se tendent ».

Les primes que nous venons de définir ne se traitent qu'à la hausse, l'acheteur courant un risque limité et le vendeur un risque illimité.

Si un spéculateur croit à la baisse et ne veut courir qu'un risque limité, il vend ferme et achète simultanément à prime ; le résultat de ces deux opérations est une prime à la baisse dont l'importance est égale à l'écart de la prime achetée et dont l'écart est égal à l'importance de la prime achetée.

En résumé, la situation du spéculateur qui achète une prime dont $h$ à l'écart $e$ pour l'échéance ou réponse $t$ est la suivante :

Si, à l'époque de la réponse $t$, le cours est inférieur au cours du pied de la prime, $m = e - h$, le spéculateur perd la somme $h$.

A partir de ce cours, la perte du spéculateur diminue et devient nulle pour le cours $e$.

Au-dessus de ce cours, le spéculateur gagne proportionnellement à la hausse ; par exemple, à un cours donné $c$ supérieur à $e$ il gagne la somme $c - e$.

## § 2. — Loi des écarts des primes.

Il est évident que, pour une même échéance, l'écart d'une prime doit être d'autant plus grand que son importance est plus petite ; c'est une conséquence immédiate de la définition.

Si l'on se bornait à cette constatation très

vague, on pourrait être conduit à des résultats bizarres : j'ai démontré, il y a déjà bien long-temps, qu'il serait possible, en déterminant con-venablement les écarts de trois primes, d'obtenir une infinité d'opérations donnant un bénéfice à tous les cours.

L'absurdité de ce résultat permèt d'affirmer, indépendamment de toute notion de probabilité, que les écarts des primes ne peuvent être quelcon-ques ; de l'écart d'une prime pour une certaine échéance, on doit pouvoir déduire l'écart de toute autre prime pour la même échéance.

Pour obtenir la loi qui lie les écarts des primes à leur importance, on fait appel au principe de l'es-pérance mathématique qui n'est que l'expression scientifique de la loi de l'offre et de la demande.

« L'espérance mathématique de toute opération de spéculation est nulle. »

Puisque chacun est libre d'acheter ou de vendre des primes, l'achat ou la vente de ces primes ne peut être *a priori* ni avantageux ni désavanta-geux.

S'il était avantageux de vendre des primes, si les écarts de celles-ci étaient systématiquement trop grands, personne ne voudrait en acheter et les vendeurs ne trouveraient pas de contre-partie ;

ils seraient obligés de diminuer les écarts jusqu'à ce que l'équilibre de l'offre et de la demande se rétablisse.

L'achat d'une prime n'est *a priori* ni avantageux ni désavantageux. C'est ce que l'on exprime en disant que

*L'espérance mathématique de l'acheteur de prime est nulle.*

Ce principe se traduit par une formule transcendante qui est l'expression mathématique de la loi des écarts des primes et qui permettrait de calculer ces écarts avec le degré d'exactitude que l'on voudrait.

On peut remplacer cette loi mathématique par une autre qui en diffère excessivement peu dans les limites de la pratique et qui est exprimable très simplement en langage ordinaire.

*On additionne l'importance de la prime et son écart.*

*On multiplie l'importance de la prime par son écart.*

*On fait le produit des deux résultats.*

*Ce produit doit être le même pour toutes les primes qui ont même échéance.*

Telle est la loi pratique des écarts des primes; on peut remarquer son extrême simplicité.

Si l'écart de la prime dont 0 fr. 10 sur la rente française 3 %, est 0 fr. 30, quel est l'écart de la prime dont 0 fr. 25 pour la même échéance?

Il suffit, pour résoudre cette question, d'appliquer la loi que nous venons d'énoncer; le produit constant est, pour la prime dont 0 fr. 10 : $(10 + 30) \times 10 \times 30 = 12.000$. Pour la prime dont 0 fr. 25 ce produit doit avoir même valeur; l'écart de la prime dont 0 fr. 25 est donc 0 fr. 127.

J'ai fait connaître la loi mathématique des écarts des primes dans mon *Traité sur la théorie de la spéculation*. La loi pratique a été exposée dans le cours libre que j'ai professé à la Faculté des Sciences en 1910. Pour tous les calculs relatifs à ces questions, je ne peux que renvoyer à mon ouvrage sur le calcul des probabilités.

Si l'on traite une prime pour une certaine échéance, on peut connaître *l'écart probable* qu'admet le marché pour cette échéance. De la connaissance de l'écart probable, on déduit les probabilités de tous les autres écarts, comme nous le savons.

Pour obtenir l'écart probable, on additionne l'importance de la prime et son écart.

On multiplie l'importance de la prime par son écart.

On fait le produit des deux quantités ainsi obtenues, on le divise par 2 et on extrait la racine cubique.

Le résultat est la *prime simple* relative à l'échéance considérée.

Nous avons vu qu'en multipliant la prime simple par 1,688 on obtenait l'écart probable.

Si, par exemple, l'écart de la prime dont 0 fr. 10 sur la rente française est 0 fr. 15 pour la réponse de la fin du mois, l'écart probable relatif à cette époque est 0 fr. 21.

On peut calculer l'écart d'une prime pour une échéance donnée, connaissant l'écart d'une autre prime pour une autre échéance.

Il est nécessaire cependant d'admettre alors un principe que les résultats précédents n'exigent pas ; le « principe de l'uniformité », auquel d'ailleurs le marché se conforme presque toujours.

Il suffit, pour résoudre le problème, de remarquer que les primes simples sont proportionnelles aux racines carrées des temps.

Un exemple fera facilement saisir la méthode :

L'écart de la prime dont 0 fr. 10 étant 0 fr. 12 pour seize jours, quel doit être l'écart de la prime dont 0 fr. 25 pour trente-six jours ?

La prime simple pour seize jours est 0 fr. 11, d'après ces données ; donc la prime simple pour trente-six jours est $0,11 \times 6/4 = 0$ fr. 165, puisque les primes simples sont proportionnelles aux racines carrées des temps.

La prime simple pour trente-six jours étant 0 fr. 165, l'écart de la prime dont 0 fr. 25 pour la même durée est 0 fr. 10.

Pour appliquer les lois des écarts des primes, il faut remarquer que l'écart d'une prime est la différence entre son cours et le *cours vrai* relatif à l'échéance ou réponse.

Le cours vrai est égal au cours coté corrigé de l'effet des coupons et des reports. La différence entre les deux cours est généralement négligeable, mais elle est quelquefois très sensible, et, si l'on n'en tient pas compte, on peut être conduit à des erreurs.

Le procédé par lequel on détermine le cours vrai relatif à une certaine époque est décrit dans mon ouvrage sur la théorie de la spéculation.

On pourrait imaginer toutes sortes de primes, il serait toujours possible d'en calculer les éléments par l'application du principe de l'espérance mathématique.

Ainsi, moyennant le paiement préalable d'une certaine prime, le spéculateur pourrait acquérir le droit de toucher la différence entre le plus haut et le plus bas cours cotés jusqu'à une certaine échéance.

La valeur de cette prime devrait être le quadruple de la prime simple ayant même échéance.

Moyennant le paiement préalable d'une certaine prime, le spéculateur pourrait acquérir le droit de toucher la différence entre le cours actuel, et soit le plus haut cours coté, soit le plus bas cours coté, jusqu'à une certaine échéance.

La valeur de cette prime devrait être égale à la prime simple de même échéance multipliée par $\pi = 3,1416$.

## § 3. — Facultés.

On traite sur certains marchés des opérations en quelque sorte intermédiaires entre les opérations fermes et les opérations à prime : ce sont les « facultés ».

Supposons que 60 francs soit le cours d'une marchandise. Au lieu d'acheter une unité au cours de 60 francs pour une échéance donnée, nous pouvons acheter une faculté du double pour la même échéance à 62 francs, par exemple. Il faut entendre par là que pour toute différence au-dessous du cours de 62 francs nous ne perdons que sur une unité, alors que pour toute différence au-dessus nous gagnons sur deux unités.

Nous aurions pu acheter une faculté du triple à 63 francs, par exemple, c'est-à-dire que, pour toute différence au-dessous du cours de 63 francs nous perdons sur une unité, alors que pour toute différence au-dessus de ce cours nous gagnons sur trois unités. On peut imaginer des facultés du quadruple, et plus généralement des facultés d'ordre multiple.

On traite aussi des facultés à la baisse, nécessairement au même écart que les facultés à la hausse du même ordre de multiplicité.

Pour obtenir la valeur de l'écart d'une faculté, on a recours au principe de l'espérance mathématique, expression scientifique de la loi de l'offre et de la demande.

Chacun étant libre d'acheter ou de vendre des facultés, l'achat ou la vente de celles-ci ne peut être *a priori* ni avantageux ni désavantageux; *l'espérance mathématique de l'acheteur de faculté est nulle.*

L'application de ce principe conduit aux résultats suivants :

L'écart de la faculté du double est égal à la prime simple de même échéance multipliée par 0,68.

L'écart de la faculté du triple est égal à la prime simple multipliée par 1,096.

La probabilité de réussite de l'achat d'une faculté du double est 0,394, l'opération réussit quatre fois sur dix.

La probabilité de réussite de l'achat d'une faculté du triple est 0,33, l'opération réussit une fois sur trois.

Quand on connaît l'écart d'une faculté, on connaît par cela même la prime simple relative à la même échéance et, par suite, l'écart probable que suppose le marché.

Si l'on admet l'uniformité, les écarts des facultés sont proportionnels à la racine carrée des temps que séparent des échéances.

En achetant une faculté du double et en vendant ferme simultanément, on obtient, comme opération résultante, une prime à la hausse dont l'importance est la moitié de l'écart.

Un spéculateur prévoyant un grand mouvement dans un sens ou dans l'autre peut se rendre simultanément preneur d'une faculté à la hausse et d'une faculté à la baisse; il gagne si un grand mouvement se produit, il perd si les cours varient peu. L'opération est analogue au stellage.

En France, sur les valeurs, on ne traite pas de facultés, on obtient une opération analogue à la faculté du double à la hausse en achetant simultanément ferme et à prime. On obtient de même une opération analogue à la faculté du double à la baisse en achetant à prime et en vendant simultanément ferme en quantité double.

### § 4. — Opérations complexes.

Comme on traite du ferme et souvent jusqu'à trois primes pour la même échéance, on pourrait entreprendre en même temps des opérations triples et même quadruples.

Les opérations triples sortent déjà du nombre de celles que l'on peut considérer comme classiques ; leur étude est très intéressante, mais nous ne pouvons nous en occuper ici, nous nous bornerons à quelques notions sur les opérations doubles.

On peut les diviser en deux groupes, suivant qu'elles contiennent ou non du ferme.

Les opérations contenant du ferme se composent d'une vente ferme et d'un achat à prime ou inversement.

Les opérations à prime contre prime consistent dans la vente d'une grosse prime et dans l'achat simultané d'une petite, ou inversement.

La proportion des achats et des ventes peut varier à l'infini ; pratiquement, la seconde opération porte sur le même chiffre que la première ou sur un chiffre double.

La vente ferme contre achat à prime en même quantité a déjà été étudiée, c'est une prime à la baisse. Le gain est illimité à la baisse, la perte est limitée à l'écart de la prime.

La vente ferme contre achat à prime en quantité double est analogue au stellage, elle donne un gain dans le cas d'une forte hausse ou d'une forte baisse, et produit une perte quand les variations ne sont pas très grandes. La perte est limitée, le gain illimité.

L'achat ferme contre vente à prime en quantité simple ou double est l'opération inverse des précédentes, le gain est limité, la perte illimitée.

L'achat d'une grosse prime contre vente d'une petite en même quantité produit, en hausse, un gain égal à la différence des écarts des deux primes. En baisse, la perte est égale à la différence des valeurs des deux primes. Le gain est limité, la perte l'est également.

Considérons enfin l'achat d'une grosse prime contre vente d'une petite en quantité double, par exemple l'achat d'une unité de rente française 3 °/₀ à un écart de 0 fr. 10 dont 0 fr. 25 contre vente de deux unités à un écart de 0 fr. 25 dont 0 fr. 10.

Au-dessous du cours —0 fr. 15 le spéculateur gagne 0 fr. 20 sur les primes vendues et perd 0 fr. 25 sur la prime achetée, sa perte est donc 0 fr. 05.

A partir du cours —0 fr. 15 la perte diminue et au cours —0 fr. 10 le spéculateur gagnant 0 fr. 20 sur les primes vendues et perdant 0 fr. 20 sur la prime achetée, se trouve à égalité.

Au-dessus de ce cours —0 fr. 10 il gagne, proportionnellement à la hausse, jusqu'au cours de +0 fr. 15 auquel son bénéfice est maximum ; il gagne alors 0 fr. 20 sur les primes vendues et 0 fr. 05 sur la prime achetée ; son bénéfice total est 0 fr. 25

Le bénéfice diminue ensuite proportionnellement à la hausse, et au cours de 0 fr. 40, l'opération donne un résultat nul.

Au-dessus de 0 fr. 40, le spéculateur perd proportionnellement à la hausse ; au cours de 0 fr 70. il perd 0 fr. 30. Son risque est illimité, son bénéfice limité.

Remarquons, pour terminer, que toute opération de spéculation ayant individuellement une espérance nulle, une opération composée de plusieurs autres, quelle que soit sa nature et sa complexité a également une espérance nulle.

## § 5. — **Théorie et expérience.**

Nous avons admis que les variations du cours
de la rente pouvaient être considérées comme
dues au hasard; cette hypothèse est vérifiée tant
qu'il n'existe pas une cause ayant une importance
absolument prépondérante et agissant, soit d'une
façon continue, soit d'une façon inopinée, dans un
sens nettement déterminé, comme, par exemple,
la menace d'une conflagration européenne.

En dehors de ce cas exceptionnel, le marché
prévoit les variations avec une extraordinaire
faculté de divination et il suit, à chaque instant,
la loi du hasard avec une remarquable exactitude.
L'étude des statistiques en fournit la preuve.

Ces statistiques présentent une difficulté qui
les complique singulièrement et qui provient de
la variation du coefficient d'instabilité.

Si, pour simplifier les calculs, on remplace le
coefficient d'instabilité variable par sa valeur
moyenne, on commet une erreur dont la théorie
permet d'ailleurs de prévoir le sens. Si l'on veut
tenir compte de la variation de l'instabilité, l'établissement des statistiques devient pénible.

L'année 1911 a été particulièrement mouve-
mentée; des événements extérieurs très impor-

tants ont imprimé par moments, au cours de la rente, des soubresauts et des impulsions brusques ; aussi, pour cette année, est-il nécessaire de tenir compte de la variation de l'instabilité si l'on veut prouver que le marché obéit à chaque instant à la loi du hasard.

Pour chaque jour de l'année 1911, j'ai calculé l'écart moyen pour le lendemain, tel que le calcule inconsciemment le marché, c'est-à-dire d'après les cours des primes pour le lendemain.

Si le marché admet, par exemple, que pour demain l'écart moyen doit être 0 fr. 08 et, s'il est, en réalité, 0 fr. 16, je dis que l'écart relatif est 2. Si le marché admet que l'écart moyen doit être 0 fr. 10 et s'il est en réalité 0 fr. 04 l'écart relatif est 0,4.

L'écart relatif est l'écart rapporté à l'écart moyen. Par la considération de l'écart relatif, le cas de l'instabilité variable est ramené au cas de l'instabilité constante. L'écart relatif doit suivre exactement la loi théorique du hasard.

Voyons jusqu'à quel point il vérifie cette loi :

Le marché admet que l'écart relatif 0,5 a probabilité 0,69 pour être dépassé, l'expérience donne 0,67.

Le marché admet que l'écart relatif « un » a probabilité 0,42 pour être dépassé, l'observation donne 0,39.

Le marché admet que l'écart relatif 1,5 a probabilité 0,23 pour être dépassé, l'expérience donne 0,20.

La valeur moyenne théorique de l'écart relatif est un, sa valeur observée est 0,96.

On voit, par cet exemple, que le marché de la rente suit très exactement la loi de la probabilité et qu'il prévoit l'amplitude des petites variations avec une extraordinaire faculté de divination.

La théorie de la spéculation présente donc un intérêt considérable au point de vue réel, mais c'est au point de vue rationnel qu'il faut se placer si l'on veut en apprécier toute la beauté, elle exprime, sous la forme la plus claire et la plus saisissante, les lois fondamentales du hasard.

# CHAPITRE XX

## PROBABILITÉS DES ÉVÉNEMENTS FUTURS D'APRÈS LES ÉVÉNEMENTS OBSERVÉS

Prévoir l'avenir d'après le passé est le but final de la science. Peut-on demander au calcul des probabilités de réaliser un tel idéal?

Prédire les effets du hasard d'après les effets du hasard, telle peut être la seule prétention de ce calcul.

Si un phénomène a dépendu antérieurement du hasard et si, dans l'avenir, il doit de même en dépendre, le calcul des probabilités pourra prévoir, l'incertitude du passé ajoutant un nouveau vague à l'incertitude de l'avenir.

Cette incertitude du passé va changer bien des choses, c'est le doute qui est semé et qui germera s'il en a le temps; le hasard est ici basé sur le hasard, les fondations sont fragiles, l'édifice futur sera d'autant moins stable qu'il sera plus élevé.

Se baser sur le résultat de cent épreuves passées pour prévoir le résultat d'un milliard d'épreuves à venir est d'une audacieuse témérité, c'est ce que le calcul exprime avec une précision et une simplicité admirables.

Il n'est pas utile d'insister sur l'importance du sujet traité dans ce chapitre, elle est évidente. Dans la réalité, il est rare que l'on connaisse exactement la probabilité d'un événement; presque toujours on la déduit de l'expérience; presque toujours, par conséquent, on est conduit à étudier les probabilités des événements futurs d'après les événements observés.

Ce qui suivra suppose d'une façon formelle que toutes les épreuves passées ou futures sont identiques au sens où l'on entend ce terme dans le calcul des probabilités, c'est-à-dire identiques aux effets près du hasard.

Rappelons, en quelques mots, la loi de Bernoulli, nous en déduirons ensuite la loi inverse.

Un événement a pour probabilité 0,3; la valeur moyenne et en même temps plus probable, la valeur normale, en quelque sorte, du nombre des arrivées de cet événement en 1.000 épreuves $1.000 \times 0,3$ ou 300.

Si l'événement en 1.000 épreuves se produit 307 fois, l'écart est 7, s'il se produit 295 fois, l'écart est — 5, l'écart est la différence entre le nombre observé et le nombre normal 300.

Plus généralement, si un événement a pour probabilité exacte $r$, la valeur normale du nombre des arrivées de cet événement en $m$ épreuves est $mr$.

Si l'événement, en $m$ épreuves, se produit en nombre $n = mr + x$, on dit que l'écart est $x$.

Quand le nombre des épreuves varie, les écarts isoprobables sont ceux qui ont égale chance d'être dépassés.

Par exemple, l'écart qui a une chance sur trois d'être dépassé en 100 épreuves et l'écart qui a une chance sur trois d'être dépassé en 700 épreuves sont isoprobables.

Quand le nombre des épreuves est très grand les écarts isoprobables sont proportionnels à la racine carrée du nombre $m$ des épreuves, ils deviennent donc de plus en plus petits relativement à $m$ quand le nombre des épreuves croît.

C'est la loi de Bernoulli que l'on peut nommer *directe*, on en déduit la loi *inverse*.

## § 1. — **Inversion de la loi de Bernoulli**.

On ignore la probabilité d'un événement, mais on sait qu'il s'est produit 300 fois en 1.000 épreuves identiques ; la probabilité de l'événement pour une nouvelle épreuve identique aux précédentes est nécessairement voisine de $\dfrac{300}{1.000} = 0,3$.

Si l'on sait que l'événement s'est produit trois millions de fois en dix millions d'épreuves, la probabilité de l'événement est nécessairement voisine de $\dfrac{3.000.000}{10.000.000} = 0,3$ et l'on peut être beaucoup plus affirmatif relativement à l'exactitude de ce nombre 0,3 qu'on ne l'était dans le cas de l'exemple précédent. En effet, d'après la loi directe de Bernoulli, si l'événement avait une probabilité très différente de 0,3 (par exemple, 0,29) on pourrait tenir pour pratiquement impossible que cet événement se soit produit trois millions de fois en dix millions d'épreuves.

Si l'événement s'était produit trois fois sur dix épreuves, nous adopterions peut-être encore, faute de mieux, la valeur $3/10 = 0,3$ pour la probabilité mais sous toutes réserves.

On conçoit le sens de la loi de Bernoulli dite *inverse*.

Le rapport du nombre des arrivées d'un événement au nombre total des épreuves se rapproche d'autant plus de la probabilité de cet événement que le nombre des épreuves est plus grand.

19

Cette loi est d'ailleurs évidente. On peut la présenter sous une autre forme : le chiffre 0,3 est, dans l'exemple précédent, la valeur apparente de la probabilité ou probabilité observée. Si le nombre des épreuves augmente de plus en plus, la *probabilité apparente* diffère de moins en moins de la probabilité réelle.

Il ne suffit pas de savoir que la différence entre la probabilité réelle et la probabilité apparente diminue quand le nombre des épreuves croît, il faut savoir d'après quelle loi elle diminue si l'on veut se faire une idée des erreurs à craindre quand on adopte la valeur apparente, dans l'ignorance où l'on est de la valeur exacte.

Quand le nombre des épreuves est très grand, cette loi se déduit de la loi des grands nombres ; nous ne l'étudierons pas en détail, nous nous contenterons d'un simple aperçu.

L'erreur commise en substituant la probabilité apparente à la probabilité exacte et inconnue varie, dans l'ensemble, en raison inverse de la racine carrée du nombre des épreuves.

En augmentant le nombre des épreuves, on s'approche donc de plus en plus de la valeur exacte, mais très lentement.

Si, par exemple, on connaît la probabilité avec

deux décimales exactes, il faudra centupler le nombre des épreuves pour l'obtenir avec trois décimales.

En résumé, lorsque la probabilité inconnue d'un événement doit être déduite uniquement d'expériences effectuées dans des conditions identiques, on adopte pour valeur de cette probabilité le rapport du nombre des arrivées de l'événement au nombre total des épreuves.

L'erreur commise ainsi varie, dans l'ensemble, en raison inverse de la racine carrée du nombre des épreuves.

J'insiste encore sur ce point, les épreuves sont supposées identiques et très nombreuses.

### § 2. — Probabilités des événements futurs d'après les événements observés.

Un événement s'est produit 300 fois sur 1.000 épreuves ; dans l'ignorance où nous sommes de la valeur exacte de la probabilité de cet événement, nous adoptons, d'après la loi inverse de Bernoulli, le rapport $\dfrac{300}{1.000} = 0,3$, c'est la *probabilité apparente* ou observée.

Si l'on doit tenter dix mille nouvelles épreuves, la valeur moyenne, probable et plus probable, la valeur, en quelque sorte normale, du nombre des arrivées de l'événement est $0,3 \times 10.000 = 3.000$.

Plus généralement, si un événement s'est produit $n$ fois en $m$ épreuves, on adopte pour valeur de la probabilité le rapport $n/m = p$, c'est la probabilité apparente.

Si $m'$ nouvelles épreuves doivent être tentées, la valeur normale du nombre des événements qui se produiront en ces $m'$ épreuves est $m'p$.

Mais il faut bien remarquer qu'il s'agit ici d'une *valeur normale apparente*. Comme la probabilité $p$ est erronée, la valeur normale apparente $m'p$ est erronée également.

L'erreur commise sur la probabilité apparente $p$ varie, dans l'ensemble, en raison inverse de la racine carrée du nombre des épreuves passées; donc l'erreur commise sur la valeur normale apparente $m'p$ varie en raison directe du nombre des épreuves futures et en raison inverse de la racine carrée du nombre des épreuves passées.

Dans l'exemple précédent, si 10.000 nouvelles épreuves doivent être tentées, la valeur normale apparente du nombre des arrivées de l'événement est 3.000. Si l'événement doit se produire 3.025 fois, on dit que l'*écart apparent* est 25.

Plus généralement, si l'événement de probabilité

apparente $p$ doit se produire $m'p + z$ fois en $m'$ épreuves futures, on dit que l'écart apparent est $z$.

La loi directe de Bernoulli donne une idée fort simple de la façon dont croissent les écarts quand le nombre $m'$ des épreuves futures augmente : les écarts isoprobables sont proportionnels à la racine carrée du nombre des épreuves. Mais cette loi suppose d'une façon formelle que la probabilité pour chaque épreuve est exactement connue.

Si cette condition n'est pas remplie, si la probabilité est donnée par l'expérience, la loi de Bernoulli n'est plus exacte.

Comment le serait-elle? Quand les probabilités sont connues les écarts ne dépendent que des caprices du hasard dans l'avenir. Quand les probabilités sont données par l'expérience, les écarts dépendent de plus des caprices du hasard dans le passé; ils dépendent doublement du hasard, ils doivent être plus grands que dans le premier cas, la vérité de ce fait est évidente.

Les caprices du hasard dans les épreuves passées ont faussé les données actuelles d'une façon indélébile, tous nos calculs relatifs à l'avenir garderont l'empreinte de ce défaut originel.

Essayons, sans aucun calcul, de nous rendre compte de la façon dont pourront croître les écarts apparents isoprobables quand le nombre des épreuves futures croîtra lui-même indéfiniment : je rappelle que l'on nomme écarts isoprobables ceux qui ont égale chance d'être dépassés; par exemple, l'écart qui a une chance sur quatre d'être dépassé en dix mille nouvelles épreuves et l'écart qui a une chance sur quatre d'être dépassé en quatorze mille nouvelles épreuves sont isoprobables. Dans ce qui suit, je supprimerai comme d'ordinaire, le mot isoprobable, il sera sous-entendu partout.

En adoptant la probabilité apparente $n/m = p$ on commet une erreur, cette erreur est inconnue, nous savons qu'elle a égale chance d'être positive ou négative, qu'elle varie dans l'ensemble, en raison inverse de $\sqrt{m}$ et qu'elle est certainement fort petite; peu importe, elle existe.

Elle existe et elle est de nature systématique, c'est-à-dire qu'elle doit se reproduire identique à elle-même à chaque nouvelle épreuve, le hasard n'ayant plus, dans l'avenir, aucune influence sur elle.

Son effet sera proportionnel au nombre des épreuves. Dans quel sens se produira-t-il? Nous ne savons puisque l'erreur peut avec égale chance être positive ou négative; l'effet de l'erreur est donc d'augmenter la valeur absolue de l'écart proportionnellement au nombre des nouvelles épreuves.

Ainsi donc, quand le nombre $m'$ des épreuves futures croît, les écarts apparents croissent sous deux influences : la première est celle du hasard, c'est la seule qui existerait si la valeur observée $p$ était exacte ; par suite de cette première influence les écarts croissent, comme nous le savons, proportionnellement à la racine carrée du nombre des épreuves futures. La seconde influence est celle de l'erreur systématique commise en adoptant la probabilité observée $p$ ; par elle, si elle était seule, l'écart apparent croîtrait proportionnellement au nombre des épreuves. L'erreur systématique étant très petite, l'effet de la seconde influence est négligeable si le nombre $m'$ des épreuves futures est très petit relativement au nombre $m$ des épreuves passées, mais si le nombre $m'$ croît de plus en plus, l'effet de la seconde influence étant proportionnel au nombre des épreuves alors que l'effet du hasard n'est que proportionnel à sa racine carrée, la seconde influence arrivera à égaler la première, puis elle la surpassera et finira par la dominer d'autant que l'on voudra.

La loi de Bernoulli qui ne serait relative qu'à la première influence n'est donc plus applicable quand il s'agit de probabilités observées, à moins que le nombre des épreuves passées ne soit très grand auprès du nombre des épreuves futures.

Par quelle loi doit-on remplacer la loi de Bernoulli dans le cas des écarts apparents?

D'après la loi de Bernoulli les écarts sont proportionnels à $\sqrt{m'}$. Les écarts apparents sont proportionnels à $\sqrt{m'}\sqrt{\dfrac{m+m'}{m}}$. Cette formule montre que les écarts sont doublés quand le nombre des épreuves futures est le triple du nombre des épreuves passées; ils sont triplés quand le nombre des épreuves futures est huit fois plus grand que le nombre des épreuves passées.

Cette dernière formule fait connaître l'importance du doute qu'introduit l'incertitude du passé; si cette incertitude n'existait pas, le dernier radical aurait pour valeur un.

La probabilité d'un écart apparent $z$ (il ne s'agit plus ici des écarts isoprobables) est une fonction de $z$ que l'on peut représenter par une courbe. Les courbes des écarts apparents sont les mêmes, au point de vue géométrique, que les courbes des écarts vrais (page 107), mais, dans le premier cas, la déformation de la courbe est beaucoup plus rapide; la courbe s'évase beaucoup plus vite quand le nombre des épreuves futures croît.

J'ai montré, dans mon *Traité du calcul des probabilités*, que la théorie des probabilités des événements futurs, d'après les événements observés, est un cas particulier de la théorie des probabilités connexes dont j'ai parlé précédemment.


### § 3. — Probabilités « a posteriori ».


Nous avons vu que si un événement s'est produit $n$ fois en $m$ épreuves, on doit adopter pour valeur de la probabilité de l'événement le rapport $n/m$ si $n$ et $m - n$ sont de grands nombres.

Si $n$ et $m - n$ ne sont pas de grands nombres, quelle valeur devra-t-on adopter ?

En l'absence de tout autre renseignement, il semble naturel d'adopter encore la valeur $n/m$, mais sous toutes réserves et sans vouloir prétendre qu'elle s'impose.

L'adoption de ce rapport $n/m$ constitue une hypothèse qui présente certains avantages : la valeur moyenne de l'erreur ainsi commise est nulle, la valeur moyenne de son carré varie en raison inverse du nombre des épreuves ; enfin cette hypothèse, par sa simplicité, permet une théorie très élémentaire. Ces avantages ne permettent pas d'adopter sans réserves le rapport $n/m$ ; nous allons d'ailleurs étudier le sujet d'une façon beaucoup plus approfondie, d'après Bayes et Laplace.

Sans connaître d'une façon précise la probabilité d'un événement, on peut avoir sur cette probabilité quelques notions plus ou moins vagues,
exprimées elles-mêmes par des probabilités.

Par exemple, sans connaître la probabilité
d'un événement, on peut avoir des raisons pour
supposer qu'elle a une chance sur trois d'être
inférieure à un demi et deux chances sur trois
d'être supérieure à un demi. Cette donnée *a priori*
constitue une connaissance relative.

Les données *a priori* peuvent être plus ou moins
complexes; mathématiquement, pour obtenir la
plus grande généralité, on les considère comme
quelconques et on les exprime par une fonction
arbitraire. Ces données *a priori* ou initiales sont
souvent nommées hypothèses *a priori* ou hypothèses initiales.

Les données initiales ou données *a priori* sur la
probabilité de l'événement étant connues, on vient
à savoir que cet événement s'est produit *n* fois en
*m* épreuves.

Ce fait nouveau, certain par lui-même, ne nous
apprend rien d'absolument certain sur la probabilité de l'événement; mais, comme les données que
nous possédions précédemment étaient également
incertaines, les deux connaissances relatives, la
connaissance initiale et celle que nous apporte le

fait nouveau, vont, en quelque sorte, s'amalgamer pour produire des connaissances relatives *a posteriori*.

Les connaissances relatives *a posteriori* sur la probabilité de l'événement dépendent donc de deux choses : des connaissances *a priori* et de l'existence du fait nouveau.

Pour bien comprendre ce que pourront être ces connaissances relatives *a posteriori*, nous allons supposer que le nombre $m$ des épreuves est d'abord très petit et qu'il croît ensuite jusqu'à l'infini.

Si le nombre $m$ des épreuves est très petit, le fait nouveau n'a pas grande importance et les connaissances relatives *a posteriori* conservent l'empreinte des données initiales.

Mais, le nombre des épreuves augmentant, les hypothèses initiales, contredites par la multiplicité des preuves adverses, constamment démenties par les faits, vont perdre de plus en plus leur influence, bientôt il n'en restera plus aucun vestige et, quelles que soient les hypothèses initiales, le résultat sera le même ; il sera conforme à l'inverse du théorème de Bernoulli :

Quand un événement s'est produit $n$ fois en $m$ épreuves ($n$, $m$ et $m - n$ étant de très grands nombres), sa probabilité est très voisine de $n/m$.

L'erreur commise en adoptant ce rapport $n/m$ varie, dans l'ensemble, en raison inverse 'de la racine carrée du nombre $m$ des épreuves.

Quand le nombre des épreuves n'est pas très grand, les connaissances *a posteriori* de la probabilité dépendent des connaissances que l'on avait *a priori* de cette probabilité. En général, les connaissances *a posteriori* ne permettent pas (en dehors du cas des grands nombres) l'adoption d'un chiffre unique, préférable aux autres pour représenter la probabilité.

Les connaissances *a posteriori* donnent un chiffre pour la valeur moyenne de la probabilité de l'événement, un autre chiffre pour la valeur probable, un autre pour la valeur la plus probable. L'égalité même de ces trois chiffres ne serait pas suffisante, en toute rigueur, pour les imposer comme s'impose le rapport $n/m$, quand le nombres des épreuves est grand.

### § 4. — Hypothèse de Bayes.

Très souvent on ne connaît rien *a priori* sur la probabilité de l'événement. Alors il est naturel de supposer que toutes les valeurs de cette probabilité comprises entre zéro et un ont, *a priori*, égale vraisemblance.

Cette hypothèse conduit aux résultats suivants :
l'événement s'étant produit $n$ fois en $m$ épreuves,
la valeur la plus probable de la probabilité de cet
événement est $n/m$ et la valeur moyenne de cette
probabilité est $\dfrac{n+1}{m+2}$.

L'hypothèse de Bayes conduit donc à très peu
près au même résultat que l'hypothèse considérée
précédemment qui admet l'adoption du rapport
$n/m$, dans l'incertitude où l'on est pour adopter un
autre chiffre.

Les conséquences des deux hypothèses sont les
mêmes ; la première est certainement préférable,
au point de vue rationnel. L'avantage de la seconde
réside dans son extrême simplicité.

Il est indispensable de bien comprendre sur
quelles bases est fondée la théorie des probabilités
*a posteriori* si l'on ne veut s'exposer à en faire
d'incorrectes applications.

Elle admet, d'abord, et d'une façon formelle,
l'identité de toutes les épreuves.

Elle admet ensuite que l'hypothèse *a priori* est
une donnée initiale unique

Ce dernier point demande une explication ; il a
une grande importance. Pour plus de clarté, supposons que les $m$ épreuves soient successives, et

étudions de près la méthode de la théorie classique :

La connaissance de l'hypothèse *a priori* va se combiner avec la connaissance du résultat de la première épreuve pour produire une première connaissance *a posteriori*.

Celle-ci peut être considérée comme une connaissance *a priori* ; elle va se combiner avec la connaissance du résultat de la seconde épreuve pour produire une seconde connaissance *a posteriori*.

Celle-ci peut-être considérée comme une connaissance *a priori*, elle va se combiner avec la connaissance du résultat de la troisième épreuve pour produire une troisième connaissance *a posteriori*. D'une façon générale, la connaissance *a posteriori*, après la $m^{me}$ épreuve, peut être considérée comme une connaissance *a priori* pour les épreuves suivantes.

C'est ce qu'admet la théorie, ce n'est pas ce que l'on admet nécessairement dans bien des cas.

Dans bien des cas, par suite de la nature de la question étudiée, le résultat de la première épreuve change tout à fait l'hypothèse *a priori* que l'on adopte avant d'entreprendre la seconde épreuve.

La théorie classique n'admet qu'une hypothèse

arbitraire, au début, alors que l'on doit pouvoir, en quelque sorte, intercaler une nouvelle hypothèse entre chaque épreuve.

Un exemple fera bien saisir cette pensée un peu abstraite.

Un savant a l'idée vague qu'une expérience doit réussir, cependant il n'en est pas très persuadé : il fait trois expériences, elles réussissent toutes les trois ; il peut très justement se croire en possession d'un fait scientifique certain devant nécessairement se reproduire aux épreuves futures.

Après la première expérience, le doute du savant s'est presque transformé en conviction ; cette première réussite n'a pas seulement l'importance d'un fait fortuit, elle implique la possibilité d'une loi constante.

L'hypothèse *a priori* avant la seconde épreuve ne doit pas seulement être une conséquence de l'hypothèse *a priori* avant la première épreuve et du fait brut de la réussite à cette première épreuve, elle doit aussi être une conséquence de l'idée nouvelle que cette réussite peut impliquer.

D'après la théorie ordinaire, on ne tiendrait pas compte de cette dernière considération et les trois réussites successives ne prouveraient pas grand'chose.

En résumé, la théorie classique admet une idée

initiale et des faits pouvant la transformer, mais elle n'admet pas que de ces faits puissent naître des idées nouvelles.

Chaque fois qu'un fait sera de nature à introduire une idée nouvelle, la théorie ne sera pas applicable ou du moins il faudra la modifier.

On peut baser sur l'étude des probabilités *a posteriori* la théorie des probabilités des événements futurs d'après les événements observés. On n'obtient rien qui soit nouveau pour nous quand le nombre des épreuves passées est grand, puisque, dans ce cas, le résultat *a posteriori* est indépendant de l'hypothèse *a priori*.

Si le nombre des épreuves futures est lui-même très grand, la loi de Bernoulli n'est plus applicable à ces épreuves, nous l'avons constaté. Le résultat *a posteriori*, pour être indépendant de l'hypothèse initiale, n'en comporte pas moins un doute; ce doute, si petite qu'en soit l'importance pour une seule nouvelle épreuve, acquiert à la longue une influence prépondérante.

Le doute, si minime qu'il soit, change la nature du problème; à la longue, il en change complètement le résultat.

En s'exprimant d'une façon un peu incorrecte, mais imagée, on peut dire que l'avenir est d'autant plus incertain qu'il est plus éloigné et que le passé est plus incertain lui-même.

### § 5. — Conditions d'identité des épreuves.

Pour les problèmes qui précèdent, on suppose que les épreuves sont identiques. Or, dans bien des cas, on l'ignore et on demande précisément au calcul des probabilités de donner des indications qui puissent permettre de considérer cette identité comme plus ou moins vraisemblable.

On conçoit que ce genre de question présente un grand intérêt au point vue des applications.

Un événement s'est produit cinq cent mille fois en un million d'épreuves ; quelle est la probabilité pour qu'il se produise à l'épreuve suivante?

Si l'identité des épreuves n'est pas admise, nous n'en savons absolument rien.

Comment reconnaître l'identité des épreuves?

L'idée qui vient tout naturellement est de scinder le million d'épreuves en plusieurs groupes et de voir si les résultats donnés par les différents groupes sont compatibles, aux écarts près que peut produire le hasard.

Si les épreuves sont identiques, on doit adopter 1/2 ou 0,5 pour valeur de la probabilité de l'événement et il n'y a pas une chance sur cinq millions ment et il n'y a pas une chance sur cinq millions pour que cette probabilité soit supérieure à 0,503 ou inférieure à 0,497.

On divisera le million d'épreuves en mille groupes de mille épreuves; si pour un groupe, l'événement s'est produit 490 fois, la probabilité observée pour ce groupe est $\dfrac{490}{1.000}$ ou 0,49. La différence entre la probabilité observée générale 0,50 et la probabilité 0,49 est un *écart*.

Si l'on considère les écarts pour tous les groupes, ils doivent suivre à peu près la loi des grands nombres; sinon la probabilité n'est pas la même à toutes les épreuves, celles-ci ne sont pas identiques.

Si les épreuves se suivent dans un ordre déterminé, il faut bien se garder de changer cet ordre, la considération des probabilités observées pour les différents groupes peut, dans certains cas, conduire à des résultats intéressants, la constatation de périodicités, par exemple.

Si les épreuves sont elles-mêmes divisées en groupes, il faut se garder do les mêler sous prétexte d'obtenir des groupes égaux. Si, par exemple, on connaît une statistique pour chacun des 86 départements, il y a intérêt à conserver ces 86 nombres inégaux, mais caractéristiques; le calcul permet de tenir compte de l'inégalité des groupes.

Quand il y a seulement deux groupes à considérer, on peut employer un procédé dû à Laplace : supposons, par exemple, que l'on ait observé que sur $m$ naissances en France il y a $n$ naissances masculines, alors qu'en Angleterre sur $m'$ naissances il y a $n'$ naissances masculines ; $m$, $n$, $m'$, $n'$ étant de très grands nombres, les rapports $n/m$ et $n'/m'$ doivent être à très peu près égaux si le hasard seul produit leur différence. Par la formule de Laplace on peut calculer la probabilité pour que cette différence ait une valeur donnée si elle est due seulement au hasard et en conclure, dans certains cas, que très probablement une cause, autre que le hasard, est entrée au jeu.

Le calcul des probabilités ne permet pas d'affirmer, dans tout ce que le terme a de rigoureux, l'existence d'une cause ayant agi en dehors du hasard. mais ses arguments, pour ne pas revêtir la forme impérative, n'en sont pas moins péremptoires dans certains cas : « Il n'y a pas une chance sur trois millions pour que le hasard ait produit un tel fait », dira-t-il. C'est au statisticien de conclure.

### § 6. — Naissances masculines et féminines.

L'étude de la statistique sort tout à fait de notre programme ; l'étude de la mortalité a été brillamment traitée dans un des précédents volumes de cette collection ; nous nous bornerons donc à acquérir quelques notions sur un sujet fort intéressant qui, depuis deux siècles, a donné lieu à de très nombreuses observations.

Il s'agit de l'étude du rapport du nombre des naissances masculines au nombre des naissances féminines.

Dans un but de simplification, nous énoncerons dès maintenant le résultat d'ensemble qu'il faut retenir :

« Le rapport du nombre des naissances masculines au nombre des naissances féminines est constant; il a pour valeur 1,05. »

On comprend que la constance n'est que relative et que le rapport doit varier quelque peu.

C'est Arbuthnot qui, en 1710, fit les premières recherches sur le sujet; il fut émerveillé par la constance du rapport et y vit une des preuves les plus évidentes de la permanence des lois de la nature.

Ses statistiques étaient relatives aux naissances dans la ville de Londres, entre les années 1629 et 1710; la valeur moyenne du rapport était environ 18/17 ou 1,06. Les valeurs extrêmes étaient 1,14 et 1,01.

Ces résultats furent soumis à Nicolas Bernoulli

qui, loin de s'en émerveiller, prétendit qu'ils n'avaient rien que de très normal.

En admettant, disait-il, que la probabilité de la naissance d'un garçon soit 18/17, les écarts s'expliquent en supposant que le hasard seul les produit; ces écarts peuvent être considérés comme fortuits.

Mais précisément, comme le fit remarquer de Moivre, ce qui provoqua l'admiration d'Arbuthnot, c'est que l'on puisse admettre une probabilité constante et que le hasard explique le reste. Loin de diminuer la valeur de la découverte d'Arbuthnot, la critique de Bernoulli en augmente considérablement l'intérêt.

Depuis deux siècles, on a étudié la variation du rapport dans chaque pays, suivant l'âge des parents, suivant leur profession, suivant le climat, suivant l'hérédité, suivant la natalité, etc. ; le rapport varie peu. Bien rarement, il descend au-dessous de 1,02 et, bien rarement, il est supérieur à 1,08.

Si l'on considère la France entière, et si l'on calcule les moyennes quinquennales, on voit que le rapport considéré est toujours compris entre 1,068 et 1,04. Sa valeur actuelle est 1,044. Les variations du rapport peuvent être considérées comme à peu près fortuites, le hasard suffirait presque pour les expliquer.

Depuis quelques années, on emploie fréquemment le néologisme « masculinité » pour désigner le nombre des naissances masculines pour cent naissances féminines. La masculinité est toujours voisine de 105 et ne dépasse presque jamais les limites 102 et 108.

## § 7. — Naissances dans une même famille.

Une question très intéressante, dont l'idée vient tout naturellement à l'esprit, consiste à chercher si, dans une même famille, les naissances antérieures n'influent pas sur les naissances à venir, au point de vue du sexe des enfants. Un ménage ayant eu quatre filles, ce fait augmente-t-il la probabilité pour que le cinquième enfant soit une fille ? diminue-t-il cette probabilité ? la laisse-t-il indifférente ?

Supposons, afin de simplifier, que, *pour l'ensemble* de la population, il naisse autant de garçons que de filles. Pour l'ensemble de la population, il y aurait une chance sur deux pour qu'une naissance soit masculine, une chance sur deux pour qu'elle soit féminine. « Dans l'ensemble », les sexes se produiraient comme si on jouait leur arrivée à pile ou face, ou à rouge et noir.

Dire que dans l'ensemble il naît autant de garçons que de filles n'implique pas d'une façon nécessaire que dans chaque ménage il en soit ainsi. En exagérant à l'extrême, on pourrait supposer que la moitié des ménages n'ait que des garçons, l'autre moitié que des filles ; la proportion générale serait conservée.

Considérons les ménages ayant cinq enfants ; si les sexes se produisent au hasard, comme si l'on en jouait l'arrivée à pile ou face, la probabilité de cinq naissances féminines serait 1/32 ; la probabilité de cinq naissances masculines serait également 1/32. La probabilité de quatre naissances du même sexe et d'une naissance du sexe inverse serait 10/32. La probabilité de trois naissances d'un même sexe et de deux naissances du sexe inverse serait 20/32.

Si donc les sexes se produisaient au hasard, sans qu'une naissance soit influencée par celles qui la précèdent, un ménage environ, sur 32, aurait cinq filles, un ménage sur 32 aurait cinq garçons, dix ménages sur 32 auraient quatre garçons et une fille ou quatre filles et un garçon ; vingt ménages sur 32 auraient deux filles et trois garçons ou trois filles et deux garçons.

Si ces proportions ne sont pas à peu près vérifiées dans la réalité, on doit en conclure que le hasard n'agit pas seul pour déterminer le sexe des enfants dans un ménage et qu'une autre cause entre certainement en jeu.

Si, par exemple, cinq naissances du même sexe se produisaient une fois sur quarante, au lieu d'une fois sur seize, il faudrait bien admettre que la nature agit suivant une sorte de loi de compensation rendant plus probable la naissance d'un garçon quand il y a déjà plusieurs filles, et inversement.

Si, au contraire, cinq naissances du même sexe se produisaient, par exemple, une fois sur douze, il faudrait admettre que chaque couple, suivant l'organisme des conjoints, est prédestiné à avoir plutôt des filles ou plutôt des garçons.

Des statistiques ont été établies récemment par M. Lucien March, on peut en déduire ce résultat général : « Les sexes des enfants d'une même famille se succèdent au hasard. »

Ainsi disparaissent les préjugés vulgaires d'après lesquels le sexe d'un enfant à venir dépendrait, pour une large part, du sexe de ses aînés.

Si l'on examine les statistiques de plus près, on voit que les naissances antérieures influent sur celles qui les suivront, mais très peu.

La probabilité pour que les deux premiers enfants d'un ménage soient du même sexe devrait être 0,500 si le hasard était seul en cause : les statistiques donnent 0,506.

La naissance d'un premier garçon rend un peu plus probable la naissance d'un second garçon, la naissance d'une fille rend un peu plus probable la naissance d'une fille, il y a tendance à la production d'un même sexe; mais cette tendance, qui semble s'accentuer légèrement pour les naissances suivantes est toujours très faible.

On peut donc dire que, pour les enfants d'une même famille, les sexes se succèdent au hasard.

Il en est tout autrement quand il s'agit de naissances simultanées : si le hasard produisait les sexes des jumeaux, une fois sur quatre, en moyenne, ils seraient tous deux du sexe masculin ; de même qu'une fois sur quatre, en moyenne, deux pièces de monnaie jetées au hasard tombent du côté pile. En réalité, une fois sur trois les jumeaux sont tous deux du sexe masculin, une fois sur trois ils sont du sexe féminin, une fois sur trois ils sont de sexes contraires. Il faut en conclure qu'une même cause, agissant d'une façon très sensible, tend à donner le même sexe aux jumeaux.

# CHAPITRE XXI

## LES ERREURS D'OBSERVATION

On ne peut mesurer exactement une grandeur.
La perfection n'étant pas dans les possibilités ma-
térielles, chaque mesure comporte une erreur et il
en sera toujours ainsi, en dépit de tous les progrès
réalisables.

Mais si l'on ne peut supprimer les erreurs, il
n'en est pas moins admirable que l'on soit arrivé,
il y a déjà un siècle, à démontrer qu'elles suivent
toutes une même loi quand le hasard est leur seule
cause.

La théorie des erreurs est utile dans toutes les
sciences d'observation, chaque fois que, par des
mesures, on doit obtenir un chiffre ; elle est, par
exemple, d'un usage continuel dans l'astronomie et
dans la balistique.

Lorsqu'on mesure plusieurs fois, avec soin, une grandeur (pour fixer les idées, une longueur), on obtient des chiffres différents.

Il faut en conclure qu'aucun de ces chiffres ne représente exactement la grandeur mesurée et que chacun d'eux comporte une erreur.

On nomme *erreur* d'une observation ou d'une mesure la différence entre la valeur exacte de la quantité mesurée et la valeur obtenue à l'observation considérée.

La valeur exacte est presque toujours inconnue, de sorte que les erreurs le sont également.

On suppose toujours, dans les questions que nous considérons, que les erreurs sont indépendantes de la grandeur de la quantité mesurée.

*Erreurs systématiques et accidentelles.* — Il faut distinguer les erreurs systématiques ou constantes des erreurs fortuites ou accidentelles.

Les erreurs systématiques tiennent à un défaut constant de l'appareil qui sert à mesurer ou de la façon dont on mesure.

Par exemple, si l'on mesure une longueur avec un mètre trop long, il en résulte une erreur systématique.

Les erreurs accidentelles sont, au contraire, dues à une foule de causes variables d'une observation à l'autre, mais se compensant en moyenne, de telle sorte que l'on peut les considérer comme dues au hasard.

Dans ce qui suit, nous supposerons qu'il n'existe pas d'erreurs systématiques ou que, s'il en existe, on en connaît la valeur, de sorte que l'on peut en corriger les chiffres obtenus.

Physiquement, cette hypothèse est irréalisable, il existe toujours des erreurs systématiques, mais elles peuvent être très faibles.

### § 1. — Lois d'erreur.

On nomme loi d'erreur une relation qui fait connaître la probabilité d'une erreur donnée. C'est par une représentation géométrique que la notion de loi d'erreur devient très claire.

Prenant la valeur exacte de la quantité mesurée pour origine, prenant en abscisses les erreurs et en ordonnées les probabilités correspondantes, on obtient la courbe qui représente la loi d'erreur.

Nous pouvons supposer que les erreurs positives ont même probabilité que les erreurs négatives de même amplitude; alors la courbe d'erreur est symétrique.

Rendons-nous compte de la forme générale que pourra raisonnablement affecter une courbe d'er-

reur : les petites erreurs étant plus probables
que les grandes, à l'erreur nulle correspondra le
point le plus élevé de la courbe et celle-ci s'approchera d'autant plus de l'axe des $x$ que l'erreur $x$
sera plus grande.

Les courbes d'erreur présenteront donc la forme
de cloches plus ou moins évasées comme celles
qui sont représentées à la page 107.

L'aire comprise entre la courbe d'erreur et l'axe
des $x$ a toujours pour valeur un, puisqu'elle représente la somme des probabilités de toutes les
erreurs possibles.

### § 2. — Loi exponentielle.

Il est une loi d'erreur d'une importance toute
spéciale, elle est basée sur une hypothèse simple
et plausible, et l'expérience la vérifie presque toujours. On la nomme loi exponentielle ou loi normale
des erreurs ; l'hypothèse qui y conduit, d'après
Laplace, est l'*hypothèse des erreurs infinitésimales*.

Essayons de nous faire une idée de la façon dont
se produit une erreur :

Une erreur est la résultante d'une infinité d'erreurs infinitésimales dues à une infinité de petites
causes que nous ne devons même pas essayer
d'analyser.

Ces petites causes sont indépendantes les unes des autres et, puisque c'est le hasard qui les dirige, elles agissent tantôt dans un sens et tantôt dans l'autre.

Telle est l'hypothèse des erreurs infinitésimales ; elle est, comme on voit, simple et plausible, et l'on conçoit que la nature la vérifie presque toujours.

L'hypothèse suffit pour imposer une forme analytique unique à la loi d'erreur avec, comme seule variante possible, un unique coefficient qui caractérise le plus ou moins de précision de l'observation.

Nous allons voir que la théorie des erreurs se ramène facilement à la théorie des grands nombres :

Imaginons un joueur A, faisons correspondre chacune des parties de son jeu à chacune des causes infinitésimales ; une cause produira un petit effet ou erreur infinitésimale dans un sens ou dans l'autre que nous assimilons à un gain ou à une perte pour le joueur ; à un gain, par exemple, quand l'erreur infinitésimale est positive, à une perte quand elle est négative.

Les causes agissant indifféremment dans un sens ou dans l'autre, le jeu est équitable.

Les causes étant très nombreuses, les parties qui

composent le jeu sont très nombreuses. Les causes étant indépendantes, les parties du jeu sont indépendantes.

L'erreur est la résultante des erreurs infinitésimales. Pareillement, le gain ou la perte totaux du joueur sont la résultante des gains et des pertes réalisés à toutes les parties.

La recherche de la loi d'erreur se ramène donc au problème suivant :

Un joueur doit jouer un très grand nombre de parties à un jeu équitable ; quelle est la probabilité pour qu'il gagne (ou perde) une somme donnée ?

C'est le problème de la théorie des grands nombres dont la solution est exprimée géométriquement par les courbes représentées à la page 107.

Il n'y a pas à s'inquiéter de la simultanéité de toutes les parties ; pourvu que celles-ci soient indépendantes, il importe peu qu'elles soient successives ou simultanées. Les courbes qui expriment les probabilités des gains ou des pertes du joueur appartiennent toujours à la même famille, que les parties soient identiques ou non, successives ou simultanées.

La loi d'erreur sera donc représentée géométriquement par ces mêmes courbes, leurs équations ne différeront que par un coefficient.

Ce coefficient se nomme *précision*. Par exemple,

les deux courbes de la page 107 sont des courbes exponentielles d'erreur; la précision, dans le cas de la courbe A BC, est le double de la précision dans le cas de la courbe A'B'C'; la probabilité pour que l'erreur soit supérieure à $\pm a$ dans le premier cas est égale à la probabilité pour que l'erreur soit supérieure à $\pm 2 a$ dans le second.

La loi exponentielle d'erreur n'étant, en réalité, que la loi des grands nombres, n'exige pas, pour nous, une nouvelle étude; il nous suffit de reprendre le sujet traité au chapitre XII et de remplacer en toute question le mot *écart* par le mot *erreur*. Ainsi, le théorème fondamental, exprimé à la page 99, s'énoncera ainsi :

*Les rapports des erreurs qui ont des probabilités données d'être dépassées sont toujours les mêmes.*

Si l'on connait la probabilité pour qu'une certaine erreur soit dépassée, on peut en déduire la probabilité pour qu'une autre erreur donnée soit dépassée.

L'erreur probable est, par définition, celle qui a une chance sur deux d'être dépassée (erreur par excès ou par défaut).

Si, par exemple, l'erreur probable sur la mesure d'une longueur est un millimètre, cela signifie qu'il y a une chance sur quatre pour que l'erreur soit supérieure à un millimètre par défaut, une chance sur quatre pour qu'elle soit inférieure à un millimètre par défaut, une chance sur quatre pour qu'elle soit inférieure à un millimètre par excès et une chance sur quatre pour qu'elle soit supérieure à un millimètre par excès.

La probabilité pour que l'erreur (en plus ou en moins) dépasse le double de l'erreur probable est 0,177. La probabilité pour que l'erreur dépasse le triple de l'erreur probable est 0,043.

Si les observations sont faites avec beaucoup de soin, si les mesures sont très précises, l'erreur probable est très petite et toutes les autres le sont proportionnellement.

Si les observations sont faites avec moins de soin, l'erreur probable est plus grande et toutes les autres le sont proportionnellement.

Les rapports sont constants; la loi est toujours la même.

Le plus ou moins d'exactitude des mesures est exprimé par un seul chiffre qui est, par exemple, le coefficient de précision, ou encore l'erreur probable. Quand il s'agissait d'un jeu, nous avions de même un chiffre caractéristique, et, lorsqu'il s'agissait de la spéculation, nous avions à considérer un coefficient d'instabilité.

Toutes ces questions sont analogues; ce ne sont,

en réalité, que des formes différentes de la loi des grands nombres.

L'expression de loi exponentielle provient de la forme analytique de la loi. L'expression de loi normale s'explique d'elle-même ; l'hypothèse des erreurs infinitésimales est si plausible que l'on peut considérer comme anormaux les cas où elle ne se réalise pas ; c'est d'ailleurs ce que prouve l'expérience.

La même loi d'erreur est souvent appelée loi de Gauss.

# CHAPITRE XXII

## PRINCIPE DE LA MOYENNE

---

On a mesuré $n$ fois une même grandeur (pour fixer les idées, une longueur) ; on a obtenu les valeurs $u_1$, $u_2$, $u_3$... $u_n$. Il s'agit, dans l'ignorance où l'on est de la valeur exacte de la quantité mesurée, de déduire des chiffres obtenus la meilleure valeur à adopter pour la quantité mesurée. On suppose que la loi d'erreur est donnée et qu'elle est la même pour les $n$ observations.

Le problème ainsi proposé est généralement insoluble, par suite de sa trop grande prétention. En général, il n'existe pas de valeur qui, logiquement, s'impose comme étant préférable à toute autre.

Sous quelles conditions une certaine valeur $u$ devrait-elle être adoptée comme logiquement préférable aux autres ?

Il faudrait d'abord qu'elle donne la plus grande probabilité au fait observé, c'est-à-dire à l'obtention des valeurs $u_1$, $u_2$..., $u_n$ ; mais cela ne suffit pas : un maximum de probabilité ne doit être indiscutablement préféré que s'il est centre de symétrie, il faut donc une seconde condition : deux valeurs équidistantes de la valeur $u$ correspondant au maximum doivent donner des probabilités égales au fait observé.

Cette dernière condition est d'une rigueur extrême. On conçoit qu'en dehors de cas exceptionnels, la valeur $u$ obtenue pour la première condition ne vérifie pas la seconde.

Donc, une loi d'erreur n'impose, d'une façon formelle, aucune valeur pour la quantité mesurée.

Bertrand a démontré la proposition, en quelque sorte, inverse : étant donné un procédé analytique conduisant à une certaine valeur $u$, il ne lui correspond ordinairement aucune loi d'erreur.

### § 1. — La loi exponentielle et la moyenne.

Nous savons que la loi exponentielle a une importance toute spéciale, importance telle que, d'ordinaire, on l'étudie exclusivement.

Or, si dans l'immense majorité des cas, une loi

d'erreur n'impose d'une façon absolue aucune valeur pour la quantité mesurée, il y a précisément exception quand il s'agit de la loi exponentielle.

La loi exponentielle exige que l'on adopte pour la quantité mesurée la moyenne arithmétique des mesures, c'est-à-dire la quantité

$$\frac{1}{n}(u_1 + u_2 + \dots + u_n).$$

La moyenne arithmétique satisfait aux deux conditions qui étaient imposées pour qu'une valeur soit nécessairement préférée; elle s'impose donc en toute logique.

Nous sommes ainsi conduits à des résultats très heureux :

D'abord, il existe une loi d'erreur dont l'importance est absolument prépondérante.

Ensuite, cette loi impose d'une façon logique une certaine valeur pour la quantité mesurée.

En troisième lieu, cette valeur s'obtient par un procédé très simple : il suffit de prendre la moyenne arithmétique des mesures.

Une quatrième circonstance très heureuse provient de ce fait que l'erreur commise sur le résultat, en employant la moyenne arithmétique, suit elle-même la loi exponentielle. L'erreur commise sur le résultat varie, dans l'ensemble, en raison inverse de la racine carrée du nombre des observations.

## § 2. — Postulatum de Gauss.

C'est à Gauss que l'on doit la découverte de la loi exponentielle des erreurs. Il prit pour base de la démonstration de la loi un principe que l'on nomme postulatum de Gauss.

Gauss, il faut le remarquer, n'a jamais considéré son principe comme un postulatum. Ce savant à l'esprit génial et universel se serait gardé de présenter comme une vérité nécessaire une assertion *a priori*, très intéressante d'ailleurs, mais n'offrant pas les caractères d'un postulatum.

Voici l'énoncé du principe de Gauss :

*La moyenne arithmétique des mesures est la valeur la plus probable de la quantité mesurée.*

Partant de ce principe, Gauss démontra qu'il ne pouvait exister qu'une loi d'erreur, la loi exponentielle que l'on appelle souvent, pour cette raison, loi de Gauss.

Obéissant à une foi exagérée, certains ont considéré le principe de Gauss comme évident.

Il correspond à une idée de nécessaire simplicité sur laquelle un esprit aussi fin que celui de Gauss ne pouvait s'illusionner.

Que la moyenne arithmétique soit une bonne valeur, nul n'en disconvient, mais que quelque chose d'aussi précis que la moyenne arithmétique des mesures soit quelque chose d'aussi précis que la valeur la plus probable de la quantité mesurée est inadmissible comme principe. L'assertion n'aurait pas de valeur si l'on ne savait que ses conclusions sont vérifiées par l'expérience et explicables par une hypothèse basée sur la nature même du hasard.

Dire que par instinct on prend la moyenne arithmétique ne prouve rien quand il s'agit d'obtenir quelque chose d'infiniment précis comme une formule analytique.

Dire qu'obéissant au même instinct on élimine d'ordinaire *au jugé* les chiffres qui s'écartent trop de la moyenne ne prouve rien non plus pour infirmer la même formule analytique.

L'idée de Gauss, prise pour ce qu'elle vaut, n'en était pas moins très intéressante et digne de son grand esprit.

D'après Bertrand, le principe de Gauss doit être modifié; au lieu de prétendre que la moyenne arithmétique des mesures est la valeur la plus probable de la quantité mesurée, on doit dire : « La moyenne arithmétique des mesures est la valeur moyenne de la quantité mesurée ».

Ce principe est évidemment plus plausible, quoique insuffisant pour servir de base unique à une théorie.

H. Poincaré a fait des recherches intéressantes sur le postulatum de Gauss modifié par Bertrand. Pour cette étude, je ne peux que renvoyer à son ouvrage sur le calcul des probabilités.

Certains ont voulu démontrer le postulatum de Gauss; les hypothèses sur lesquelles ils se sont basés sont beaucoup moins plausibles que le postulatum lui-même.

Ce qu'il faut bien comprendre, c'est que la loi exponentielle des erreurs exige que l'on adopte pour la quantité mesurée la moyenne arithmétique des mesures. Si l'on admet que la moyenne arithmétique des mesures est la valeur la plus probable de la quantité mesurée, on admet, par cela même, la loi exponentielle.

Lorsqu'on adopte, *a priori*, pour valeur de la quantité mesurée la moyenne arithmétique des mesures, on peut obéir à trois principes, de prétentions différentes, ou simplement à une règle pratique.

Le principe de la moyenne arithmétique que l'on pourrait qualifier d'*absolu* consisterait à admettre que la moyenne arithmétique s'impose d'une façon absolue, qu'elle est à la fois la valeur moyenne, probable et plus probable de la quantité mesurée et que des valeurs équidistantes de cette moyenne correspondent à la même probabilité pour la quantité mesurée.

Le principe de Gauss admet seulement que la moyenne arithmétique des mesures est la valeur la plus probable de la quantité mesurée.

Le principe Bertrand-Poincaré admet que la moyenne arithmétique des mesures est la valeur moyenne de la quantité mesurée.

En dehors de ces *principes*, la *règle* de la moyenne arithmétique consiste à adopter la moyenne arithmétique des mesures en justifiant seulement ce choix par des raisons de simplicité sur lesquelles nous aurons à revenir.

Rien ne prouve, *a priori*, qu'il existe un loi d'erreur satisfaisant au principe « absolu ». Seule, la loi exponentielle vérifie le principe de Gauss, et comme cette loi satisfait aux conditions imposées par le principe absolu, ce dernier principe et celui de Gauss sont, *a posteriori*, équivalents.

Le principe Bertrand-Poincaré est finalement équivalent au principe absolu.

Ainsi, en réalité, les trois principes n'en font qu'un.

Pourquoi vouloir que la moyenne arithmétique

des mesures possède *a priori* une propriété remarquable et précise? Parce qu'elle est simple? L'argument est d'un grand poids quand il s'agit d'une « règle », il est tout à fait insuffisant quand il s'agit d'un « principe ».

## § 3. — Détermination de la précision.

Lorsque la loi d'erreur est exponentielle, on doit adopter pour la quantité mesurée la moyenne arithmétique des mesures, c'est-à-dire la valeur

$$u = \frac{1}{n}(u_1 + u_2 + \ldots + u_n).$$

Cette quantité diffère peu de la valeur exacte.

Le plus ou moins de concordance des valeurs observées $u_1$, $u_2$ … $u_n$ permet de se former une idée du plus ou moins de précision des mesures.

De la valeur $u$ on soustrait successivement chacune des valeurs $u_1$, $u_2$, …, $u_n$; on obtient ainsi les quantités $(u - u_1)$, $(u - u_2)$, … $(u - u_n)$ qui ne sont pas exactement les erreurs commises (puisque $u$ n'est pas la valeur exacte), mais qui en diffèrent peu.

On additionne ces valeurs $(u - u_1)$, … en les considérant toutes comme positives (c'est-à-dire que l'on additionne leurs valeurs absolues), et on divise cette somme par le nombre $n$ des observations.

Le résultat se nomme *erreur moyenne*.

En multipliant l'erreur moyenne par 0,84, on obtient l'*erreur probable*, c'est-à-dire l'erreur qui a autant de chances d'être ou de ne pas être dépassée.

La loi étant normale, la connaissance de l'erreur probable permet, comme nous l'avons vu, de calculer les probabilités de toutes les erreurs.

On détermine souvent la précision ou (ce qui revient au même) l'erreur probable par un autre procédé en faisant usage, non plus des valeurs absolues des différences $(u - u_1)$, $(u - u_2)$, ... mais des carrés de ces différences.

On ajoute les carrés des différences, c'est-à-dire les carrés

$$(u - u_1)^2, \ (u - u_2)^2, \ \ldots, \ (u - u_n)^2,$$

on divise par le nombre $n$ des observations et l'on extrait la racine carrée du résultat; on obtient ainsi ce que l'on nomme *erreur moyenne quadratique*

En multipliant l'erreur moyenne quadratique par 0,67, on obtient l'erreur probable.

Quand le nombre des observations est très grand, l'emploi de la méthode des carrés est préférable; Gauss a démontré que 100 observations avec l'emploi de cette méthode permettaient de déterminer l'erreur probable avec la même exactitude que 114 observations avec l'emploi du premier procédé.

Lorsque les observations sont peu nombreuses, l'usage de la méthode basée sur les carrés des erreurs doit être proscrit parce qu'il est trop dangereux.

Si un caprice du hasard produit une grande erreur, le carré de cette erreur sera exagérément grand et pourra avoir une telle influence sur le résultat que celui-ci sera très différent de la valeur cherchée.

Toute formule contenant des carrés est donc inapplicable quand le nombre des observations est petit. A la longue, le nombre des observations croissant, des compensations se produisent et le procédé dont l'emploi était condamnable finit par devenir le meilleur.

On peut employer d'autres méthodes pour la détermination de l'erreur probable, elles sont généralement plus compliquées que les précédentes et exigent que les observations soient beaucoup plus nombreuses.

Une méthode très simple et très naturelle consisterait à déterminer l'erreur probable d'après sa définition. On classerait les erreurs positives par ordre de grandeur et l'on adopterait pour erreur probable celle qui occupe le milieu du classement.

Ce procédé est très peu précis, 250 observations seraient nécessaires pour obtenir l'erreur probable avec la même exactitude que par l'emploi de 100 observations seulement et de la méthode des sommes de carrés.

Au point de vue purement logique, aucune méthode de détermination de l'erreur probable ne s'impose d'une façon absolue.

## § 4. — Loi d'erreur quelconque.

Les erreurs suivent presque toujours la loi exponentielle ou loi normale ou loi de Gauss, parce que l'hypothèse des erreurs infinitésimales est presque toujours vraie. Il est cependant utile, pour la généralité de notre étude, d'envisager le cas d'une loi d'erreur quelconque.

Nous supposons donc la loi d'erreur quelconque, mais donnée et unique pour toutes les observations. Nous savons que, d'ordinaire, on ne peut déduire des chiffres observés $u_1$, $u_2$, ... $u_n$ une valeur qui s'impose en toute rigueur pour la quantité mesurée.

Faute de mieux on emploie alors la *règle de la*

*moyenne arithmétique* qui consiste à adopter la moyenne arithmétique des mesures, c'est-à-dire la quantité

$$u = \frac{1}{n}(u_1 + u_2 + \cdots + u_n).$$

Ce choix présente quelques avantages : le procédé est simple et, si les observations sont nombreuses, l'erreur commise sur le résultat suit la loi de Gauss.

L'erreur du résultat varie, dans l'ensemble, en raison inverse de la racine carrée du nombre des observations, comme si chaque erreur suivait individuellement la loi exponentielle.

Cette conclusion peut sembler paradoxale; en l'admettant on s'approcherait indéfiniment de la valeur exacte en augmentant le nombre des observations, ce qui paraît physiquement irréalisable.

Ce qui est physiquement irréalisable, c'est l'hypothèse de la nullité absolue des erreurs systématiques, la conclusion n'est que la conséquence logique de l'hypothèse.

La décroissance de l'erreur commise sur le résultat en admettant la nullité des erreurs systématiques est très lente, elle procède suivant la racine carrée du nombre des observations; il faut centupler ce dernier nombre pour obtenir dix fois plus de précision.

Il est à peu près évident que l'erreur commise sur le résultat doit suivre la loi de Gauss quand les observations sont très nombreuses.

En effet, la somme des erreurs suit nécessairement la loi des grands nombres; chaque erreur étant, relativement à la somme, une erreur infinitésimale.

La somme des erreurs suit donc la loi exponentielle.

La moyenne arithmétique des erreurs est, par définition, la somme des erreurs divisée par le nombre de celles-ci, elle doit suivre également la loi de Gauss.

L'erreur commise sur le résultat en employant la règle de la moyenne arithmétique est la moyenne arithmétique des erreurs : elle suit donc la loi de Gauss.

L'erreur commise sur le résultat, en employant la règle de la moyenne arithmétique, suit la loi de Gauss quand les observations sont nombreuses; elle suit *rigoureusement* cette loi quelque petit que soit le nombre des observations quand, pour chacune d'elles, la loi d'erreur est exponentielle.

La loi de Gauss ou loi exponentielle possède donc cette propriété excessivement remarquable de se reproduire par composition : si deux ou plusieurs quantités (par exemple des erreurs) suivent la loi de Gauss, leur somme et leur moyenne arithmétique suivent rigoureusement cette même loi. L'importance de ce résultat a été mise en évidence par M. d'Ocagne.

Il faut se garder de croire que l'erreur probable commise sur le résultat, quand la loi d'erreur est quelconque, est égale à l'erreur probable d'une observation divisée par la racine carrée du nombre des observations, cela n'est vrai que si la loi d'erreur est exponentielle. Dans le cas d'une loi d'erreur quelconque c'est l'erreur moyenne quadratique du résultat qui est égale à l'erreur moyenne quadratique d'une observation divisée par la racine carrée du nombre des observations. L'erreur moyenne quadratique a été définie précédemment, c'est la racine carrée de la moyenne des carrés des erreurs.

### § 5. — La valeur médiane.

Au lieu d'employer la règle de la moyenne arithmétique on peut faire usage de la *règle de la valeur médiane*; elle consiste à classer les chiffres obtenus par ordre de grandeur et à adopter celui qui occupe le milieu du classement.

Si le nombre des observations est pair, on adopte la moyenne arithmétique entre les deux chiffres qui occupent le milieu du classement.

La règle de la valeur médiane présente des avantages analogues à la règle de la moyenne arithmétique ; son emploi est simple et, si les observations sont très nombreuses, l'erreur commise sur le résultat suit la loi de Gauss.

Laplace a étudié la méthode de la valeur médiane qu'il nomme *méthode de situation* ; il a démontré que, suivant la forme de la loi d'erreur, il y avait avantage à employer la règle de la moyenne arithmétique ou la règle de la valeur médiane et qu'une combinaison convenable des deux règles valait mieux, dans l'ensemble, que l'emploi exclusif de l'une des méthodes. Il a rencontré un cas d'exception, celui de la loi d'erreur exponentielle ; dans ce dernier cas on doit employer exclusivement la moyenne arithmétique et 100 observations en suivant cette règle valent 125 observations en suivant la règle de la valeur médiane.

Ce résultat ne peut nous étonner, nous savons que la moyenne arithmétique s'impose quand la loi d'erreur est exponentielle.

Nous savons aussi qu'en général, aucune valeur ne s'impose d'une façon absolue, une combinaison des deux règles précédentes pourra conduire à une

valeur qui, *dans l'ensemble*, sera préférable à
d'autres ; un procédé différent pourrait, peut-être,
conduire à une valeur qui serait encore préférable
à certains points de vue, aucune valeur ne saurait
s'imposer.

Pratiquement, on emploie de préférence la règle
de la moyenne arithmétique et l'on fait bien, mais
cette règle ne s'impose pas en dehors du cas de la
loi exponentielle. Il est même très curieux qu'elle
ne s'impose pas toujours lorsqu'il n'est fait que
deux mesures ; la moyenne arithmétique pouvant
donner une probabilité *minimum* au fait observé,
c'est-à-dire à la production de deux erreurs égales
et de signes contraires. On adopte cependant la
moyenne par raison de symétrie, on l'adopte
parce qu'il faut absolument adopter une valeur.

### § 6. — Observations dissemblables.

Lorsque les observations ne sont pas également
précises, il n'est plus rationnel d'adopter la
moyenne arithmétique des mesures, les observations les plus précises devant avoir plus d'influence
sur le résultat.

On fait alors usage de la règle de la *moyenne par*
*poids*, elle consiste à ne prendre la moyenne
qu'après avoir multiplié chaque mesure par un

coefficient représentant le degré d'exactitude qu'on lui sait ou qu'on lui suppose.

Ce coefficient est le *poids* de l'observation.

L'expression de moyenne par poids, d'origine mécanique, s'interprète facilement.

Imaginons une ligne droite rigide et sans masse. A partir d'un point de cette ligne, prenons sur celle-ci et dans le même sens des longueurs égales aux différentes mesures $u_1, u_2, \ldots u_n$. En chacun des points ainsi obtenus, suspendons un poids proportionnel au poids de l'observation correspondante. La règle de la moyenne par poids consiste à adopter pour valeur de la quantité mesurée celle qui correspond au centre de gravité des différents poids.

Ce qui rend l'analogie encore plus saisissante est que le poids du résultat est égal à la somme des poids des observations.

Quand, à chaque observation, la loi d'erreur est exponentielle (avec un coefficient de précision ou une erreur probable variables d'une observation à l'autre), la règle de la moyenne par poids s'impose d'une façon absolue.

En dehors de ce cas, il faut seulement considérer la règle comme un procédé simple et commode, présentant des avantages analogues à ceux de la règle de la moyenne arithmétique à laquelle il se réduit d'ailleurs quand les observations sont identiques.

### § 7. — Observations discordantes.

Si quelques mesures s'écartent beaucoup de la moyenne des autres, quel parti doit-on prendre à leur égard? Doit-on les rejeter sans autre forme de procès et adopter une nouvelle moyenne? Doit-on les conserver au même titre que les autres? Doit-on les conserver en diminuant leur poids? Et dans quelle proportion?

Il entre tant d'arbitraire dans cette question qu'on ne peut la résoudre d'une façon satisfaisante, Les astronomes, que le sujet intéresse en particulier, ont chacun leur opinion et leurs avis sont très différents.

« — De quel droit rejeter une mesure qui s'écarte beaucoup de la moyenne? » diront les partisans du maintien intégral. « Puisque l'observation été faite dans les mêmes conditions que les autres, avec le même soin, avec les mêmes précautions, vous n'êtes pas autorisés à supprimer cette mesure. Vous ne devez tenir compte que des effets du hasard et vous vous permettez d'en corriger les caprices, vous faussez le résultat.

« — C'est précisément parce que nous ne voulons tenir compte que des effets du hasard que nous rejetons cette mesure », diront les autres, « nous ne mettons pas en doute la bonne foi de l'observateur, il s'est figuré avoir pris le même soin qu'à l'ordinaire, mais il est faillible; n'est-il pas plus logique de supposer qu'il a eu une distraction involontaire que de croire à l'arrivée d'un hasard excessivement rare? Une distraction peut produire une erreur qui n'est ni systématique ni fortuite, qui est, en quelque sorte, exceptionnelle; on doit rejeter une observation très probablement entachée d'une telle erreur, elle ferait injustement dévier la moyenne.

« — Vous voulez condamner cette mesure parce qu'elle ferait pencher la balance d'un côté, mais, si vous la supprimiez, la balance va pencher de l'autre; il faut tenir compte de cette observation; pour médiocre qu'elle soit peut-être, elle vaut quelque chose; en la rejetant vous supprimez probablement une erreur à droite pour en introduire une à gauche. »

On pourrait discuter longuement sur le sujet sans arriver à s'entendre; aucune solution n'est satisfaisante.

Legendre était partisan des approximations successives : après avoir pris la moyenne arithmétique des mesures, on supprime, « au juger », les

mesures qui s'écartent beaucoup de cette moyenne.
On adopte ensuite la moyenne arihmétique des
mesures conservées.

Ce procédé est imprécis et arbitraire, comme les
autres d'ailleurs.

Svanberg adoptait comme première approximation la moyenne arithmétique et il déterminait le
poids de chaque observation d'après l'écart relativement à la moyenne; il appliquait ensuite la
règle de la moyenne par poids.

Laplace a démontré que la seconde approximation ne valait pas la première : 120 observations
avec la méthode de Svanberg ne valent que
100 observations avec la moyenne arithmétique.
Mais Laplace suppose les erreurs petites et
les mesures nombreuses ; ce n'est pas le cas dont
nous nous occupons, nous étudions, au contraire,
le cas où les observations sont peu nombreuses et
où certaines erreurs ont une grandeur exceptionnelle. La méthode de Svanberg, dont la supériorité
théorique n'est pas démontrée, a l'inconvénient
d'être compliquée et, par suite, difficilement applicable.

Faye, le célèbre astronome, était partisan du
maintien intégral des mesures, sauf, nécessairement, lorsque l'observateur croit n'avoir pas
observé avec le même soin qu'à l'ordinaire. Dans

ce dernier cas, il faut diminuer le poids de l'observation.

Asaph Hall, astronome également célèbre, à qui l'on doit la découverte des satellites de Mars, était partisan du maintien intégral des mesures et voyait un grand inconvénient dans la suppression de celles qui paraissent discordantes : si l'on élimine les mesures discordantes, celles que l'on conserve seront exagérément concordantes; alors, dans l'avenir, on se fera une idée beaucoup trop optimiste sur la précision du résultat. En telle matière, l'optimisme est plus dangereux que l'excès inverse.

Certains astronomes ont proposé des « critériums de rejet » pour les observations douteuses, d'autres ont préconisé des méthodes par lesquelles le poids des observations discordantes serait diminué. Ces règles peuvent être utiles, mais elles comportent beaucoup d'arbitraire.

La moyenne arithmétique des mesures paraît plus affectée par les erreurs exceptionnelles que la valeur médiane. Deux valeurs exceptionnelles, l'une par défaut, l'autre par excès, ne changent pas la valeur médiane, elles peuvent influer très sensiblement sur la moyenne.

Une erreur moyenne ou une erreur très grande affectent également la valeur médiane. La moyenne arithmétique, au contraire, presque indifférente à l'erreur moyenne, est tout à fait déviée par la grande erreur.

La loi de Gauss, ou loi exponentielle, n'accorde qu'une probabilité très faible aux grandes erreurs. Lorsque celles-ci se produisent beaucoup trop fréquemment, il faut adopter une autre loi, et l'on tombe dans l'arbitraire.

On peut essayer d'une loi formée par la combinaison de deux, de plusieurs ou d'une infinité de lois de Gauss, à chacune d'elles correspondant un coefficient de précision différent.

Simon Newcomb employa ce procédé pour expliquer les erreurs qui étaient constatées dans les passages de Mercure sur le soleil. On est conduit, d'une façon absolument nécessaire, à ces lois dans l'étude des statistiques sur la spéculation.

Ces lois d'erreur sont analogues à la loi de Gauss, mais elles donnent une plus grande fréquence aux très petites erreurs et aux très grandes erreurs, aux dépens des erreurs moyennes dont la fréquence est diminuée.

Les courbes représentant ces lois d'erreur sont analogues aux courbes de Gauss, mais elles sont plus élevées à leur sommet et dans les parties éloignées, moins élevées dans les parties moyennes.

### § 8. — **Quantités suivant la loi normale.**

Certaines quantités, dans leurs écarts relativement à la moyenne, suivent la loi normale de probabilité comme si le hasard, seul, produisait ces écarts.

On a remarqué depuis fort longtemps qu'il en était ainsi pour les écarts, dans la taille des conscrits; ces écarts suivent à peu près la loi exponentielle comme s'ils étaient dus uniquement au hasard.

On mesure, par exemple, la taille de cent mille conscrits et on en prend la moyenne; c'est, je suppose, $1^m,65$. La différence entre la taille d'un conscrit et la moyenne, $1^m,65$, est un écart.

On constate d'abord, par les statistiques, qu'il y a autant d'écarts positifs que d'écarts négatifs, c'est-à-dire qu'il y a autant de conscrits dont la taille est supérieure à $1^m,65$ que de conscrits dont la taille est inférieure à $1^m,65$. Il faut se garder de croire que ce résultat est évident; il serait tout à fait inexact si l'on considérait les poids des conscrits au lieu de leur taille; il y a beaucoup plus de la moitié des conscrits dont le poids est inférieur à la moyenne des poids.

On constate ensuite par les statistiques que les

petits écarts sont plus fréquents que les grands et que les écarts positifs ont même fréquence que les écarts négatifs de même amplitude. Il y a autant de conscrits dont la taille est supérieure à $1^m,68$ (écart supérieur à $+3$) que de conscrits dont la taille est inférieure à $1^m,62$ (écart inférieur à $-3$).

En étudiant les statistiques de plus près, on constate que les écarts suivent la loi exponentielle, ou loi des grands nombres, comme les écarts dans le jeu de pile ou face, comme les erreurs dans les mesures.

L'écart probable est celui qui est dépassé une fois sur deux; ce sera, par exemple, 5 centimètres. Il y aura donc environ 25.000 conscrits dont la taille sera inférieure à $1^m,60$; 25.000 dont la taille sera comprise entre $1^m,60$ et $1^m,65$; 25.000 dont la taille sera comprise entre $1^m,65$ et $1^m,70$, et 25.000 dont la taille sera supérieure à $1^m70$.

Puisqu'il s'agit de la loi exponentielle ou des grands nombres, la connaissance de l'écart probable entraîne la connaissance des probabilités de tous les autres écarts. Nous savons, par exemple, qu'il y a probabilité 0,177 pour que l'écart double de l'écart probable soit dépassé; nous pouvons donc prédire que sur les 100.000 conscrits considérés, il y en aura environ 8.800

dont la taille sera supérieure à 1$^m$,75, et 8.800 dont la taille sera inférieure à 1$^m$,55.

Relativement à la taille des conscrits, il y a donc deux quantités à considérer : la première, très importante au point de vue de l'évolution de la race, est la moyenne générale de la taille. La seconde mesure les écarts de part et d'autre de cette valeur moyenne ; c'est l'écart probable.

On considère comme un indice de la pureté de la race le fait que les tailles des adultes suivent la loi exponentielle ou des grands nombres. Si les Français, au lieu de constituer une race homogène, étaient pour la moitié des nains, et pour la moitié des géants, la moyenne des tailles pourrait être la même ; mais les écarts, relativement à cette moyenne, n'auraient plus même fréquence. Les petits écarts, au lieu de former la grande majorité, ne seraient plus qu'exceptionnels ; il n'y aurait plus une taille unique ayant un maximum de fréquence, mais deux tailles correspondant l'une aux nains, l'autre aux géants.

# CHAPITRE XXIII

## COURBES DE FRÉQUENCE

Considérons une quantité susceptible de prendre un certain nombre de valeurs : ce sera, par exemple, la taille des conscrits, le volume du crâne, l'écart quotidien du cours de la rente, la richesse des individus composant une nation, etc.

Par l'observation, nous pouvons déterminer la fréquence des différentes valeurs de la quantité considérée, nous en formons ainsi la statistique.

Les chiffres obtenus, traduction fidèle des résultats de l'observation, ont l'inconvénient de ne pas donner une idée d'ensemble très claire et très saisissante de ces résultats ; aussi y a-t-il bien souvent intérêt à construire la courbe figurative de ces résultats, dite *courbe de fréquence.*

On prend en abscisses les différentes valeurs de

la quantité et en ordonnées les fréquences correspondantes. On choisit souvent pour origine la valeur moyenne de la quantité considérée.

Par exemple, s'il s'agit de la taille des conscrits français, les écarts suivant la loi normale, la courbe de fréquence sera une courbe du hasard ayant la forme d'une sorte de cloche, courbe que l'on nomme encore courbe de probabilité, courbe normale, courbe de Gauss, courbe de Quetelet, ou courbe binomiale.

S'il s'agissait de la taille des femmes françaises, on obtiendrait une courbe analogue, peut-être un peu plus ou un peu moins évasée, une courbe ayant la forme d'une sorte de cloche.

Le résultat serait différent si l'on représentait graphiquement les écarts des tailles des adultes des deux sexes : la moyenne générale des tailles, que l'on prendrait pour origine, tiendrait le milieu entre la moyenne des tailles des hommes et la moyenne des tailles des femmes.

La différence entre ces moyennes n'est pas suffisante pour que la courbe de fréquence présente une ondulation (comme celle de la figure 3), mais elle est suffisante pour que la courbe diffère sensiblement de la courbe normale et soit beaucoup plus aplatie au milieu.

La figure 3 montre ce que serait la courbe

représentative des tailles des hommes adultes dans
un pays où il y aurait deux races pures, également
nombreuses et de tailles moyennes très différentes ; on a pris en abscisses les écarts relativement à la taille moyenne générale, et en ordonnées les fréquences correspondantes. Ce n'est pas
à la moyenne générale que correspond la plus
grande fréquence.

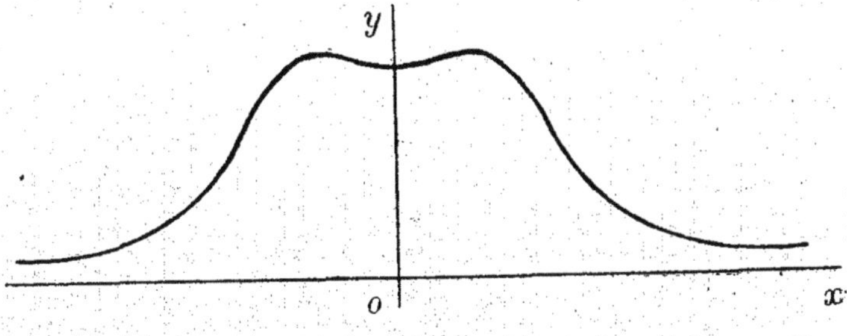


Fig. 3.

Il est très souvent intéressant de comparer des
courbes de fréquence relatives à des quantités
analogues, par exemple les tailles des conscrits
en différents pays. La comparaison par les courbes
de fréquence elles-mêmes est parfois rendue assez
pénible par l'enchevêtrement de ces courbes. Le
graphique perdant alors une de ses grandes qualités, qui est la clarté et le facilité de lecture,
d'autres représentations peuvent être préférées.

On peut voir dans les quatre planches qui suivent

un mode de représentation différent du procédé ordinaire. Ces planches sont extraites d'un mémoire du D<sup>r</sup> Gustave Le Bon, mémoire qui fut couronné par l'Institut et qui a pour titre : *Recherches anatomiques et mathématiques sur les lois des variations du volume du cerveau et sur leurs relations avec l'intelligence.*

Il s'agissait d'étudier la variation du volume du crâne suivant le sexe, suivant l'activité cérébrale, suivant les époques, suivant les pays. L'emploi des courbes de fréquence tracées suivant le procédé ordinaire, en prenant en abscisses les différentes valeurs du volume du crâne et en ordonnées les fréquences correspondantes aurait présenté deux inconvénients : les courbes se seraient enchevêtrées et, d'autre part, les valeurs extrêmes auraient été très mal figurées.

Au contraire, les quatre planches que nous avons reproduites sont d'une belle clarté et l'on peut en déduire, à simple vue, des résultats très intéressants. Considérons, par exemple, la ligne supérieure du premier graphique, celle qui est relative aux Parisiens modernes du sexe masculin : à l'ordonnée 1.650 correspond l'abscisse 800 ; nous devons en conclure que sur 1.000 Parisiens, 800 ont un volume cranien inférieur à 1.650 centimètres cubes. A l'ordonnée 1.430 correspond l'abscisse 150, nous

devons en conclure que, sur 1.000 Parisiens, 150
ont un volume cranien inférieur à 1.430 centimètres

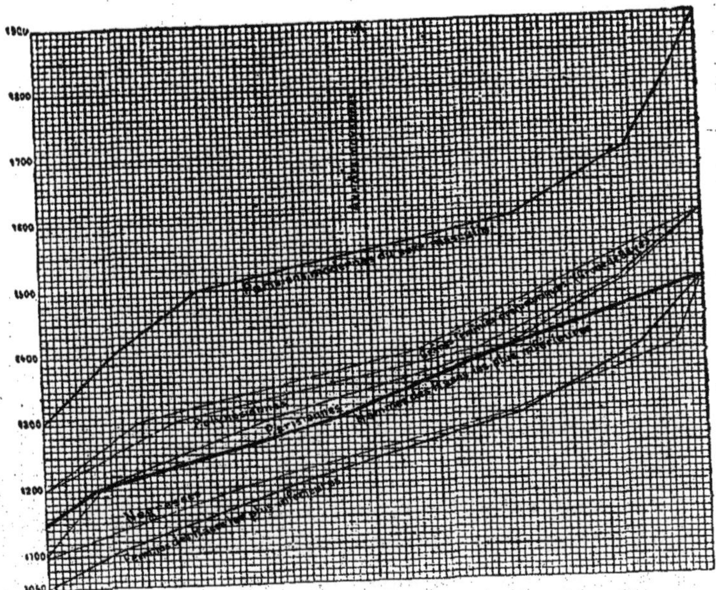

Planche I extraite d'un mémoire du D\u1d63 Gustave Le Bon ayant pour titre :
*Recherches anatomiques et mathématiques sur les lois des variations
du volume du cerveau et sur leurs relations avec l'intelligence.*
Ces courbes mettent en évidence la variation du volume du crâne suivant le sexe et la race.
    L'abscisse indique le nombre des individus (sur 1.000) qui ont une
capacité cranienne inférieure au chiffre exprimé par l'ordonnée correspondante. Par exemple, sur la courbe relative aux Parisiens modernes, à
l'abscisse 400 correspond l'ordonnée 1.530. Il y a donc 400 Parisiens sur
1.000 dont la capacité cranienne est inférieure à 1.530 centimètres cubes.

cubes. Les ordonnées représentent des centimètres
cubes, les abscisses correspondantes représentent

la totalité des individus qui ont une capacité cranienne inférieure à ce nombre de centimètres cubes.

Supposons, par exemple, que l'on veuille connaître le nombre des Parisiens qui ont une capacité cranienne comprise entre 1.500 et 1.600 centimètres cubes. A l'ordonnée 1.600 correspond l'abscisse 720. Il y a donc 720 Parisiens sur 1.000 dont la capacité cranienne est inférieure à 1.600 centimètres cubes. On voit de même qu'il y en a 240 sur 1.000 dont la capacité cranienne est inférieure à 1.500 centimètres cubes. Il y en a donc $720 - 240 = 480$ sur 1.000 dont le volume cranien est compris entre 1.500 et 1.600 centimètres cubes.

Du premier tableau nous pouvons, immédiatement, tirer des conclusions intéressantes. Le volume du crâne du Parisien est très supérieur au volume du crâne de la Parisienne (même rapporté à son poids) et les écarts de part et d'autre de la moyenne sont beaucoup plus grands pour le Parisien. Le volume du crâne de la Parisienne n'est qu'un peu supérieur, en moyenne, au volume du crâne des hommes des races inférieures, mais les écarts sont beaucoup plus grands.

La seconde planche indique la variation du volume cranien dans le temps; il semble que la

24.

civilisation ait eu pour effet d'augmenter la moyenne du volume de même que les écarts relativement à cette moyenne.

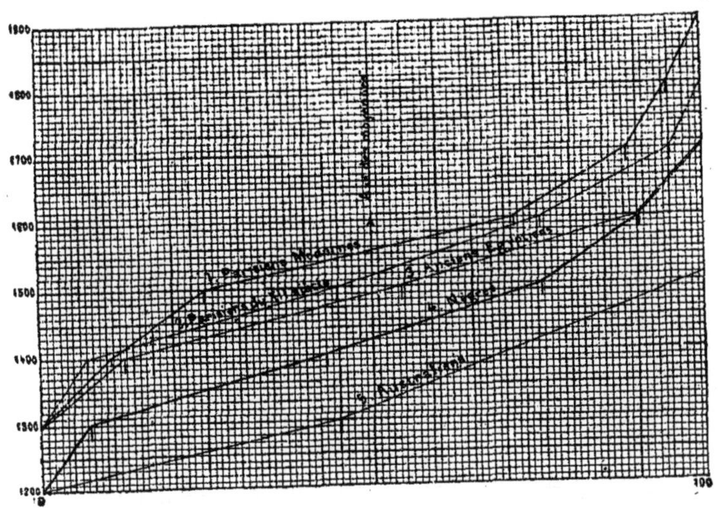

Planche II extraite du mémoire précité du D<sup>r</sup> Gustave Le Bon.

Ces courbes montrent le développement progressif du volume du crâne dans les races humaines.

La moyenne du volume a augmenté en même temps que les écarts de part et d'autre de cette moyenne.

Si l'on veut, par exemple, connaître le nombre des Parisiens dont le volume cranien est compris entre 1.600 et 1.800 centimètres cubes, il suffit de remarquer qu'aux ordonnées 1.800 et 1.600 correspondent les abscisses 950 et 710. Il y a donc 950 — 710 = 240 Parisiens sur 1.000 dont le volume cranien est compris entre les limites données.

La troisième planche montre l'influence de la culture intellectuelle sur le développement du crâne ; les chiffres écrits dans l'échelle de gauche

(ordonnées) représentent, en centimètres, les cir-
conférences des têtes.

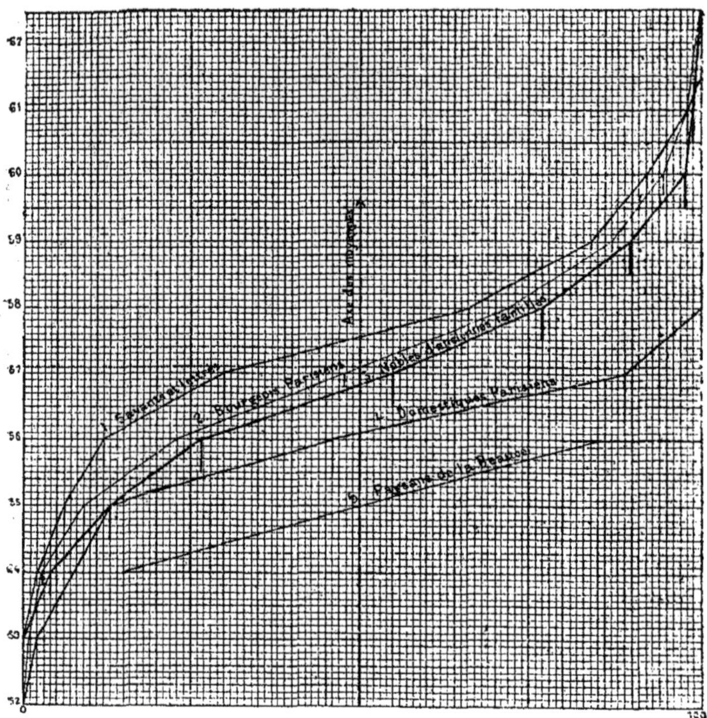


Planche III extraite du mémoire précité du D<sup>r</sup> Gustave Le Bon.
Ces courbes mettent en évidence le rapport qui existe entre la circonférence
de la tête et l'activité intellectuelle.

On donne le nom de biométrie à la science qui
étudie les statistiques relatives aux mensurations
des êtres organisés. Cette science est surtout

redevable à Quetelet qui en fut, peut-on dire, le créateur.

## § 1. — Représentation analytique des courbes de fréquence.

Revenons au mode de représentation ordinaire, on prend en abscisses les différentes valeurs de la quantité considérée et en ordonnées les fréquences correspondantes ; on obtient ainsi une courbe qui, *a priori*, est quelconque.

Lorsque la courbe est tracée, on peut chercher si elle ne présente pas de la ressemblance avec quelque courbe connue dont l'équation est simple et ne renferme qu'un petit nombre de paramètres.

Si la ressemblance est suffisante, l'équation de la courbe donne une sorte de représentation analytique de la loi de fréquence.

Mais cette représentation analytique ne peut avoir d'autre prétention que de donner une idée d'ensemble des valeurs approchées de la fréquence, elle ne doit pas avoir la prétention d'exprimer réellement la véritable loi de fréquence, quand cette loi existe.

Deux formules très différentes au point de vue analytique, qui seraient la traduction de deux phénomènes tout à fait différents dans leur essence, peuvent conduire à des résultats numériques à très

peu près équivalents entre des limites assez éten-
dues de la variable, surtout lorsque ces formules
contiennent plusieurs paramètres. Il ne faut donc
pas croire que l'on connaît nécessairement la formule qui régit en réalité un phénomène parce que
cette formule conduit à des valeurs numériques
voisines de celles que donne l'observation, la véritable formule est peut-être analytiquement très
différente de celle que l'on considère. Pratiquement, cela importe peu et c'est pourquoi la représentation analytique de certains phénomènes, de
la mortalité, par exemple, est si utile.


## § 2. — La moyenne.


Dans bien des cas, on est obligé de représenter
par un seul nombre un ensemble de valeurs, on
adopte alors d'ordinaire la moyenne.

On adopte aussi parfois la valeur qui correspond
à la plus grande fréquence ou encore la valeur qui
occupe le milieu dans le classement par ordre de
grandeur des valeurs considérées.

Supposons que l'on adopte la moyenne.

La moyenne, valeur unique, ne peut avoir la
prétention de représenter les valeurs qu'elle
résume.

Si je me vois dans l'obligation d'énoncer une vérité aussi naïve c'est que l'on attache souvent à la connaissance des valeurs moyennes plus d'importance qu'il ne convient.

La connaissance de la valeur moyenne est plus ou moins utile suivant la nature de la quantité considérée, suivant le mode de groupement plus ou moins symétrique des différentes valeurs autour de cette moyenne, suivant l'amplitude des écarts relativement à cette moyenne.

La connaissance de la moyenne des fortunes dans un pays où il n'y a que des multimillionnaires et des pauvres ne présente pas le même intérêt que la connaissance de cette moyenne pour un pays où les fortunes se répartissent plus uniformément. La moyenne, chiffre unique, ne peut représenter exactement une multitude d'autres chiffres.

Un nombre ne peut en représenter plusieurs autres que si l'on se place à un point de vue particulier. La connaissance du produit des côtés d'un rectangle équivaut à la connaissance des côtés de ce rectangle s'il s'agit uniquement de l'aire de celui-ci; les deux connaissances ne sont plus équivalentes s'il s'agit d'un terrain rectangulaire sur lequel on doit bâtir un édifice.

Il est très curieux que l'on ait parfois fait un

reproche à la notion de valeur moyenne de ne pas correspondre à une valeur possible de la quantité considérée alors que la même critique n'était pas formulée à l'égard de la notion analogue de centre de gravité.

Les notions de valeur moyenne et de centre de gravité sont identiques ; le centre de gravité n'a pas plus d'existence réelle que la valeur moyenne, parfois il tombe en dehors du corps considéré en un point vide de matière. La valeur moyenne ne définit pas plus les valeurs qu'elle résume que le centre de gravité ne définit le système auquel il appartient.

## § 3. — La dispersion.

La valeur moyenne donne une première idée d'ensemble sur les valeurs d'une quantité ; un second chiffre donnera une idée d'ensemble des écarts relativement à cette moyenne.

L'écart pour une valeur déterminée est la différence entre cette valeur et la moyenne.

Le nombre qui donne une idée d'ensemble de l'amplitude des écarts se nomme *coefficient de dispersion*. On adopte d'ordinaire pour ce coefficient la moyenne quadratique des écarts ou écart quadratique.

La moyenne quadratique d'une quantité est la racine carrée de la valeur moyenne des carrés de cette quantité.

Pour obtenir le coefficient de dispersion, on calcule donc la valeur moyenne, on la retranche de chacune des valeurs obtenues, on obtient ainsi les écarts. On prend la moyenne arithmétique des carrés de ces écarts et on extrait la racine carrée du résultat.

On emploie également pour coefficient de dispersion la valeur moyenne des écarts positifs ou écart moyen.

Nous avons déjà considéré ces mêmes écarts quadratique et moyen dans le cas particulier des erreurs d'observation. Dans ce cas particulier, les écarts suivant la loi normale, le rapport des écarts quadratique et moyen est un nombre fixe, 1,25. Il n'en est pas de même dans le cas général.

Il est bien évident qu'un coefficient de dispersion, qu'un chiffre unique, ne peut représenter à lui seul tous les écarts qu'il résume, il ne peut que donner une idée d'ensemble de l'amplitude de ces écarts.

On fait parfois usage d'un troisième coefficient dit *coefficient de dissymétrie*, destiné à donner une dée de la dissymétrie de la répartition des écarts de part et d'autre de la moyenne ou de la dissymétrie de la courbe de fréquence.

La moyenne des cubes des écarts donne une idée de la dissymétrie, de la courbe. Si, en effet, la courbe était symétrique, à chaque écart positif correspondrait un écart négatif de même amplitude et la valeur moyenne du cube de l'écart serait nulle. Pour obtenir un coefficient, on divisera, par exemple, la racine cubique de la moyenne des cubes des écarts par l'écart quadratique ou par l'écart moyen.

## § 4. — Covariations.

Quand deux quantités dépendent l'une de l'autre de telle façon que toute valeur de l'une impose une valeur de l'autre, on dit que ces quantités sont fonctions l'une de l'autre.

Deux quantités peuvent dépendre l'une de l'autre sans que leur liaison soit de nature absolument fonctionnelle.

La longueur des bras d'un individu dépend de sa taille, mais si l'on connaît la taille d'un individu on ne peut en déduire exactement la longueur de ses bras.

La longueur des bras d'un individu dépend de sa taille et d'une foule d'autres facteurs que nous ne pouvons analyser. Ce que nous désirons, c'est simplement nous faire une idée d'ensemble du plus ou moins de liaison qui existe entre la taille d'un individu et la longueur de ses bras.

Le mémoire du D$^r$ Gustave Le Bon, qui nous a déjà été utile, ne tend pas à établir une relation de nature fonctionnelle entre le volume du cerveau et l'intelligence; il n'a jamais été dans la pensée de son auteur de prétendre qu'un individu dont le cerveau est petit est nécessairement peu intelligent ni qu'un individu dont le cerveau est très développé est nécessairement un génie. Il a seulement voulu établir qu'il existait une liaison d'ensemble entre le volume du cerveau et l'intelligence.

La liaison qui existe entre deux quantités dépend généralement d'une foule de facteurs; notre prétention ne doit pas être de mesurer cette liaison, elle doit se borner à obtenir une idée d'ensemble du plus ou moins de dépendance mutuelle des quantités considérées.

Dans ce but, l'examen des courbes de fréquence est très utile; la quatrième planche, extraite du mémoire précité du D$^r$ Gustave Le Bon montre la faible influence de la taille sur le poids du cerveau.

L'échelle de gauche, dans la marge, indique le poids du cerveau de 900 à 1.700 grammes.

L'échelle de gauche, dans le quadrillage, indique les tailles de 1<sup>m</sup>,45 à 1<sup>m</sup>,85. Considérons par exemple

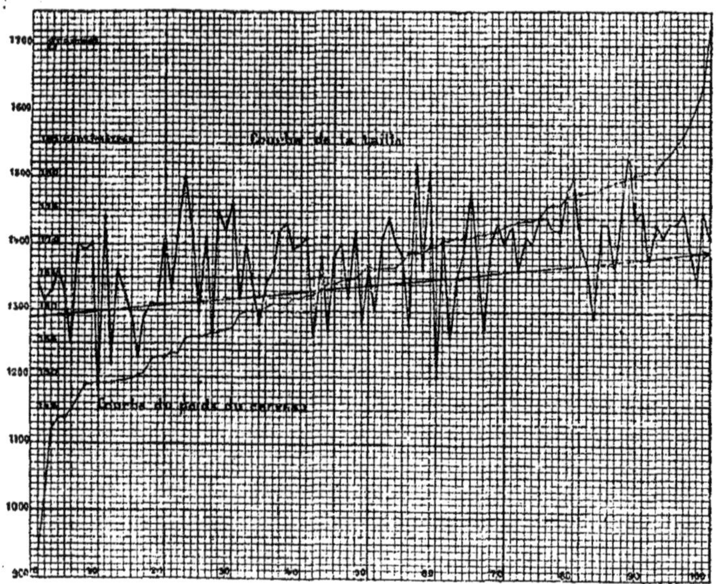


Planche IV extraite du mémoire précité du D<sup>r</sup> Gustave Le Bon.
Ces courbes mettent en évidence le peu d'influence de la taille sur le poids du cerveau.
A l'abscisse 40, par exemple, correspond sur la courbe du poids du cerveau l'ordonnée 1.320 (comptée sur l'échelle qui est en dehors du quadrillage, dans la marge) et l'ordonnée 170 sur la courbe sinueuse tracée en trait plein (ordonnée comptée sur l'échelle qui est à l'intérieur du quadrillage). Il faut en conclure que sur 1.000 sujets il y en a 400 dont le cerveau pèse moins de 1.320 grammes et que les sujets dont le cerveau pesait 1.320 grammes avaient une taille moyenne de 1<sup>m</sup>,70.

le nombre 1.200, dans l'échelle de la marge, il lui correspond sur la courbe représentant le poids du cerveau l'abscisse 15; nous devons en conclure, comme précédemment, que, sur 100 individus, il y en a 15 dont le cerveau pèse moins de 1.200 grammes.

A cette abscisse 15 correspond pour la courbe irrégulière tracée en trait plein une ordonnée (comptée sur l'échelle des tailles à l'intérieur du quadrillage) égale à 158; nous en concluons que les individus dont le cerveau pesait 1.200 grammes avaient une taille moyenne de $1^m,58$.

S'il existait une grande dépendance entre le poids du cerveau et la taille, la courbe en trait plein monterait régulièrement de la gauche vers la droite. En réalité, on le voit, la courbe des tailles est très irrégulière et même en moyenne (la moyenne est représentée par la droite qui coupe presque horizontalement la figure en son milieu) elle est très peu ascendante. Il faut en conclure que l'influence de la taille sur le poids du cerveau est très faible.

On peut essayer de représenter par un chiffre le plus ou moins de liaison qui existe entre deux quantités.

J'insiste sur ce point, il ne s'agit pas de mesurer la liaison, mais seulement de s'en faire une idée.

Le chiffre que l'on adopte d'ordinaire est le *coefficient de corrélation* de Pearson.

Supposons, par exemple, qu'il s'agisse de se faire une idée du plus ou moins de liaison qui existe entre la taille du père et la taille du fils. Supposons encore, pour simplifier, que la moyenne de la taille des pères soit $1^m,65$, de même que la moyenne de la taille des fils.

L'écart est, comme d'ordinaire, la différence entre la taille elle-même et la moyenne; si, par exemple, la taille d'un individu est $1^m,70$, l'écart est 5, si la taille est $1^m,63$, l'écart est —2, etc.

Si un écart pour la taille du père rendait nécessaire un écart *proportionnel* pour la taille de son fils, il y aurait corrélation complète. Si, par exemple, les écarts 3, 9, —6 pour les pères rendaient nécessaires, respectivement, les écarts proportionnels 2, 6, —4 pour leurs fils, il y aurait corrélation absolue, le coefficient de corrélation aurait sa valeur maximum 1.

Quand les quantités considérées sont indépendantes, le coefficient de corrélation est nul.

Dans le cas de la dépendance de la taille du fils à l'égard de la taille de son père, le coefficient de corrélation est un certain nombre compris entre zéro et un.

Le coefficient de corrélation est négatif quand

les quantités considérées varient en sens inverse.
Par exemple, le prix du blé et la quantité de blé
varient inversement; plus la quantité est grande
plus le prix est faible.

Si, à chaque écart pour la quantité de blé relativement à sa moyenne, correspondrait un écart
*proportionnel* pour le prix du blé, relativement à
sa moyenne (les écarts étant de signes contraires),
il y aurait corrélation absolue négative. Le coefficient de corrélation aurait sa valeur minima, —1.

En résumé, le coefficient de corrélation varie
entre —1 et +1.

Quand le coefficient est égal à —1, il y a corrélation absolue inverse, quand il est égal à +1,
il y a corrélation absolue directe.

Quand le coefficient de corrélation est positif, les
quantités varient, dans l'ensemble, dans le même
sens; quand il est négatif, les quantités varient,
dans l'ensemble, en sens contraire.

Le coefficient de corrélation ne tient pas seulement compte du plus ou moins de liaison entre
deux quantités, il dépend beaucoup de leur plus
ou moins de proportionnalité, c'est pourquoi on le
nomme parfois *coefficient de covariation*. On pourrait imaginer deux quantités ayant une dépendance très intime mais variant, pour ainsi dire,
antiproportionnellement, de telle sorte que de très

grands écarts de l'une rendent nécessaires de très petits écarts de l'autre, le coefficient de corrélation aurait une petite valeur quoiqu'il y ait relation de nature fonctionnelle. Il faut reconnaître que ce cas n'est pas très intéressant, au point de vue pratique.

On substitue quelquefois au coefficient de corrélation un autre nombre dit *rapport de corrélation* dont l'emploi présente quelques avantages.

On peut se proposer d'exprimer par un chiffre le plus ou moins de liaison qui existe entre deux choses qui ne sont pas susceptibles d'une représentation quantitative; par exemple la couleur des yeux et la couleur des cheveux.

Hâtons-nous de dire que ce chiffre, dit *coefficient de contingence*, n'a nullement la prétention de mesurer la liaison, il en donne simplement une idée.

Si chaque nuance pour la couleur des yeux rendait nécessaire une nuance pour la couleur des cheveux, le coefficient de contingence serait voisin de un. Il tendrait vers sa valeur maxima un en même temps que le nombre des nuances tendrait vers l'infini.

S'il n'y avait aucun rapport entre la couleur des yeux et celle des cheveux, le coefficient de contingence serait nul.

Le coefficient de contingence est donc toujours compris entre zéro et un.

En terminant cette étude bien sommaire sur les courbes de fréquence et les corrélations, je tiens encore à insister sur ce point : les chiffres obtenus n'ont pas la prétention de donner une mesure absolue des quantités qu'ils résument, ils en donnent seulement une idée. Leur considération n'en présente pas moins un très grand intérêt et une utilité très réelle.

# CHAPITRE XXIV

## LE TIR A LA CIBLE

La théorie des écarts dans le tir à la cible est
l'une des plus intéressantes du calcul des probabilités; depuis un siècle qu'elle est connue, l'expérience l'a toujours vérifiée, qu'il s'agisse du tir au
canon ou au fusil; son étude conduit à des résultats très simples et cependant très curieux.

Nous supposons que le tireur et l'arme dont il
fait usage n'ont pas de défaut systématique, c'est-
à-dire qu'ils n'ont pas de tendance constante à
tirer plutôt à droite qu'à gauche du centre de la
cible, plutôt au-dessus qu'au-dessous.

Quelles que soient l'adresse du tireur et la qualité
de l'arme, le centre de la cible n'est pas ordinairement atteint, le projectile traverse la cible à une
certaine distance du centre. Cette distance est un

écart et, puisqu'il n'y a pas de défaut systématique, cet écart doit être attribué au hasard.

Le projectile ayant atteint la cible en un certain
point (point d'impact), la distance de ce point au
centre ne caractérise pas le tir ; la moindre expérience montre, en effet, que les écarts dans le sens
vertical sont, en moyenne, plus grands que les
écarts dans le sens horizontal.

Il faut en tenir compte et considérer pour
chaque projectile tiré :

La déviation verticale ou écart vertical, ou encore
écart en portée ou en hauteur et la déviation horizontale, ou écart horizontal, ou encore écart en
direction.

L'écart étant la distance du point d'impact au
centre de la cible, l'écart en portée est la projection de l'écart sur la verticale et l'écart en direction est la projection de l'écart sur l'horizontale.

En termes moins précis, l'écart en direction est
l'écart à droite ou à gauche, l'écart en portée est
l'écart en haut ou en bas.

Le résultat fondamental de la théorie du tir à
la cible s'énonce ainsi :

Les écarts en portée suivent la loi normale.

Les écarts en direction suivent la loi normale.

Plus généralement, si l'on projette les écarts

sur une droite quelconque passant par le centre de la cible, les projections suivent la loi normale.

Les écarts verticaux, par exemple, suivent la même loi que les écarts dans le jeu de pile ou face, dans la spéculation, dans les mesures ordinaires, etc.

Si l'on connaît l'écart probable vertical, c'est-à-dire l'écart vertical qui a une chance sur deux d'être dépassé (0 m. 20 au-dessus du niveau du centre de la cible, par exemple, et 0 m. 20 au-dessous), on connaît la probabilité pour qu'un autre écart vertical soit dépassé. Par exemple, on sait que l'écart double de l'écart probable a probabilité 0,177 pour être dépassé; il y a donc probabilité 0,177 pour que le projectile frappe la cible à plus de 0 m. 40 au-dessus du niveau du centre de la cible ou à plus de 0 m. 40 au-dessous.

Il y a probabilité 0,043 pour que l'écart triple de l'écart probable soit dépassé; il y a donc probabilité 0,043 pour que le projectile frappe la cible à plus de 0 m. 60 au-dessus du centre de la cible ou à plus de 0 m. 60 au-dessous.

D'une façon générale, connaissant la probabilité pour qu'un écart vertical donné soit dépassé, on connaît la probabilité pour que tout autre écart vertical soit dépassé.

Si le tireur est adroit, l'écart probable en hau-

teur sera petit et les autres écarts en hauteur le
seront proportionnellement ; si le tireur est mala-
droit, l'écart probable en hauteur sera plus grand
et les autres le seront proportionnellement.

Le hasard étant seul en cause dans la question
étudiée, nous retrouvons les mêmes résultats que
dans les cas analogues où le hasard agissait seul.

Les écarts horizontaux suivent la même loi que
les écarts verticaux, mais avec un autre coefficient
de précision, ou, ce qui revient au même, avec un
autre écart probable.

En moyenne, les écarts horizontaux sont environ
les deux tiers des écarts verticaux, mais le rapport
varie suivant l'arme et le tireur.

Un tir n'est pas uniquement caractérisé par la
connaissance de l'écart vertical probable et de
l'écart horizontal probable ; à ces deux quantités il
faut adjoindre une troisième dont je ne m'occu-
perai pas.


Sur la ligne droite horizontale qui passe par le
centre de la cible, marquons les deux points (à
droite et à gauche) qui correspondent à l'écart
probable horizontal. Pareillement, sur la vertica'e
qui passe par le même centre, marquons les deux
points (au-dessus et au-dessous) qui correspondent
à l'écart probable vertical.

Par ces quatre points faisons passer une ellipse
dont le grand axe est vertical et le petit axe horizontal ; cette ellipse est dite ellipse probable ; il y
a égale chance pour qu'un projectile frappe la
cible à l'intérieur ou à l'extérieur de cette ellipse.

Doublons tous les rayons de cette ellipse probable, nous obtenons ainsi une ellipse semblable
à la première. La probabilité pour que le projectile passe à l'extérieur de cette ellipse est 0,177.

Triplons les rayons de l'ellipse probable, nous
obtenons une ellipse qui lui est semblable. La probabilité pour que le projectile passe en dehors de
cette ellipse est 0,043.

Si l'on considère une ellipse quelconque semblable à l'ellipse probable, c'est-à-dire formée en
augmentant ou en diminuant ses rayons dans le
même rapport, tous les points situés sur le contour
de cette ellipse ont égale probabilité d'être atteints
par le projectile.

Connaissant la probabilité pour que le projectile
passe en dehors d'une certaine ellipse semblable
à l'ellipse probable, on peut calculer la probabilité
pour que le projectile passe en dehors de toute
autre ellipse également semblable à l'ellipse probable.

Cette propriété est fort curieuse, nous voyons

que, géométriquement, le tir est caractérisé par
l'ellipse probable.

La figure représente cinq ellipses principales; la
première que l'on rencontre en partant du centre
est l'ellipse du premier quartile, il y a une chance
sur quatre pour que le projectile tombe à l'intérieur de cette ellipse. Ses rayons sont les deux
tiers de ceux de l'ellipse probable.

La seconde ellipse est l'ellipse la plus probable,
celle qui a le plus de chances d'être atteinte par
le projectile. La probabilité pour qu'une ellipse
(théoriquement une couronne elliptique infiniment
mince) soit atteinte, est d'autant plus grande, d'une
part, que cette ellipse est plus grande, c'est-à-dire
qu'elle est plus éloignée du centre; mais, d'autre
part, plus les points sont éloignés du centre et plus
leur chance d'être atteints est faible. La probabilité
pour qu'une ellipse soit atteinte dépend donc de deux
facteurs dont l'un croît avec la distance alors que
l'autre décroît. Le maximum a lieu pour l'ellipse
la plus probable, la longueur de ses rayons est
exprimée par le nombre 0,85, en prenant pour unité
les rayons homologues de l'ellipse probable.

La troisième ellipse, l'ellipse probable est telle
que la moitié des projectiles tombent en dedans
de cette ellipse et la moitié en dehors.

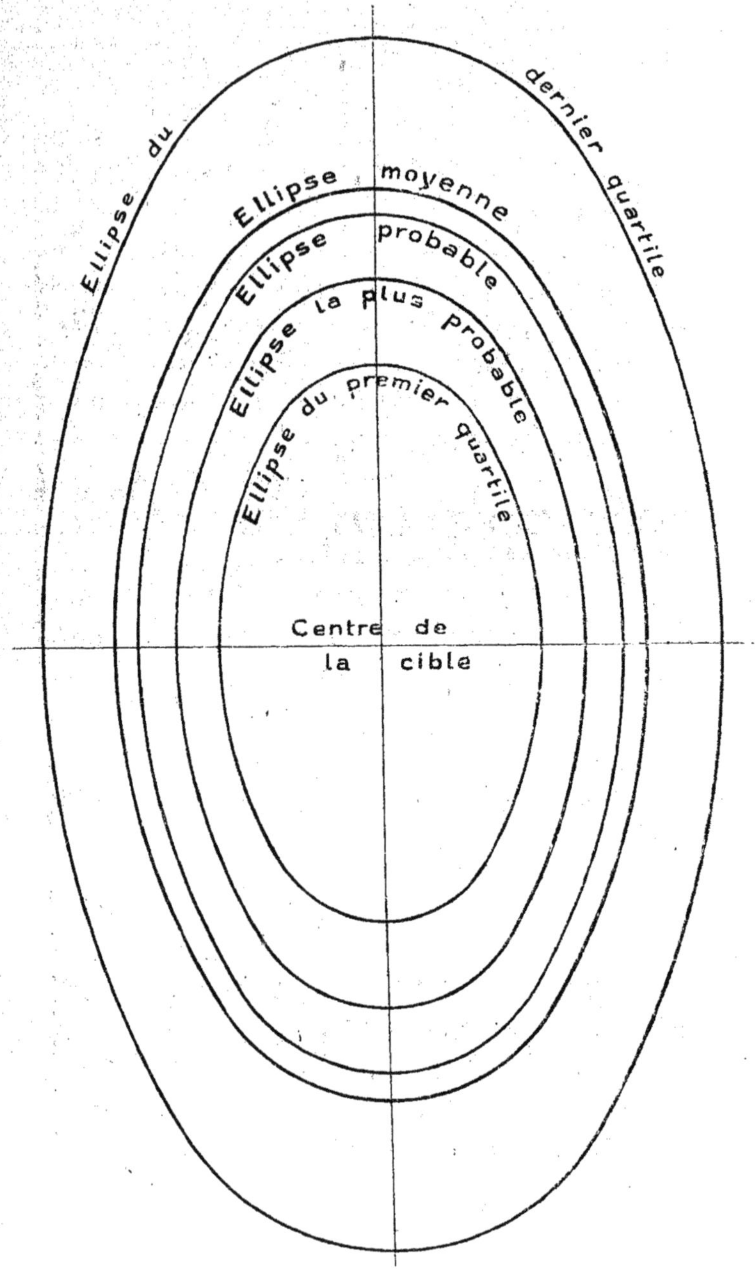

Ellipse du
dernier quartile
Ellipse moyenne
Ellipse probable
Ellipse la plus probable
Ellipse du premier quartile
Centre de
la cible

Considérons tous les projectiles qui tombent sur la verticale passant par le centre de la cible et au-dessus de ce centre; si nous prenons la moyenne des distances des points d'impact de ces projectiles au centre nous obtenons l'écart moyen en hauteur. Le point correspondant est le point le plus élevé de l'ellipse moyenne. On définirait de même l'écart moyen horizontal et l'écart moyen suivant une direction quelconque. Les rayons de l'ellipse moyenne sont égaux à ceux de l'ellipse probable multipliés par 1,06.

Il y a une chance sur quatre pour que le projectile tombe en dehors de l'ellipse du dernier quartile. Les rayons de cette ellipse sont égaux à ceux de l'ellipse probable multipliés par 1,41.

Il ne semble pas que l'on puisse donner une démonstration à la fois simple et satisfaisante de la loi des écarts dans le tir à la cible.

La seule bonne démonstration est celle qui repose sur une hypothèse analogue à l'hypothèse des erreurs infinitésimales ; elle est compliquée et pénible.

Une autre démonstration, basée sur l'extension du postulatum de Gauss, est plus simple, mais sans grande valeur. Pour les raisons que j'ai développées précédemment, l'hypothèse de Gauss ne peut servir de principe unique à une théorie.

Si l'on supposait que les déviations du tir en portée et en direction sont les mêmes, l'ellipse probable et toutes les ellipses analogues se réduiraient à des cercles ; la probabilité pour que le projectile atteigne la cible en un point donné ne dépendrait que de la distance de ce point au centre.

Tout serait simplifié et la démonstration de la loi des écarts deviendrait très élémentaire. Malheureusement, une telle supposition serait contraire à la réalité et, au point de vue rationnel, elle diminuerait beaucoup la valeur de la théorie.

Ce qui importe pour nous, ce n'est pas de démontrer la loi, c'est de la bien comprendre et de se rappeler que l'expérience la vérifie toujours.

Existe-t-il un procédé permettant de classer équitablement les tireurs dans un concours ?

Pour que le classement se fasse avec justice, il est utile de faire tirer à chaque concurrent un grand nombre de projectiles.

Un tir, en général, est caractérisé par cinq coefficients : deux sont relatifs aux défauts systématiques, trois aux écarts fortuits. Supposons, pour simplifier, qu'il n'y ait pas de défauts systématiques et que les trois caractéristiques des écarts fortuits se réduisent à deux (ceci revient à admettre, comme nous l'avons fait précédemment, que les grands axes des ellipses de probabilité sont verticaux).

Nous pouvons prendre pour caractéristiques l'écart probable en hauteur et l'écart probable en direction, ou encore, l'écart moyen en hauteur et l'écart moyen en direction. Ces deux écarts sont proportionnels aux écarts probables.

Si, pour un tireur, les deux écarts sont plus petits que pour un autre, il doit, équitablement, être classé premier ; mais si l'un des écarts est plus grand et l'autre plus petit, il y a doute et le classement doit résulter d'une hypothèse sur l'importance relative des écarts en hauteur et en direction.

En d'autres termes, si, pour un tir, l'ellipse probable est intérieure à l'ellipse probable d'un autre tir, le premier est indiscutablement supérieur au second ; mais si les ellipses se coupent, il y a doute.

Dans la pratique, pour simplifier, on ne tient compte que de la distance des points d'impact au centre de la cible, on additionne ces distances pour chaque tireur et l'on classe les concurrents d'après les sommes obtenues.

Essayons de nous former une idée générale et jetons un coup d'œil d'ensemble sur ce que contient ce petit livre.

Nous avons vu qu'une même loi, que l'on nomme loi des grands nombres, se présente dans toutes les questions importantes; elle régit les écarts produits par le hasard dans les jeux, dans les arrivées des événements, dans la spéculation, dans le tir à la cible, dans les mesures des grandeurs et dans beaucoup de phénomènes naturels. La connaissance de cette loi comprend ce que, dans notre étude, il faut savoir et retenir.

Quand à chaque épreuve, à chaque partie, à chaque instant, le hasard peut produire des écarts qui, avec égale vraisemblance, sont positifs ou négatifs, dirigés dans un sens ou en sens inverse; à la longue, les écarts résultants suivent la loi unique, d'une excessive simplicité, dite *loi des grands nombres.*

Quand, de plus, les épreuves, les parties, les instants successifs sont identiques *a priori*, c'est-à-dire avant que l'effet du hasard les ait différenciés, les écarts résultants sont proportionnels à la racine carrée du nombre des épreuves ou des parties ou à la racine carrée du temps.

Cette seule conclusion, dans ce qu'elle a de très général et de très élémentaire, suffirait pour montrer l'utilité du calcul des probabilités; ce calcul, qui procède à la fois de la philosophie et de la science, qui est en même temps très profond et très simple, qui exige beaucoup de réflexion et très peu de formules, devrait être étudié par tous les philosophes comme par tous les savants, les uns et les autres y trouveraient sans doute un très grand intérêt et un très grand charme; suivant le mot célèbre de Laplace : « Il n'est pas de science plus digne de nos méditations ».

FIN

# TABLE DES MATIÈRES

1241. — Paris. — Imp. Hemmerlé et Cⁱᵉ. (11-13).

# PSYCHOLOGIE ET PHILOSOPHIE

AVENEL (Vicomte Georges d'). **Le Nivellement des Jouissances.**

BALDENSPERGER (F.), Chargé de cours à la Sorbonne. **La Littérature.**

BERGSON, POINCARÉ, CH. GIDE, Etc. **Le Matérialisme actuel** (6e mille).

BINET (A.), directeur de Laboratoire à la Sorbonne. **L'Ame et le Corps** (9e mille).

BINET (A.). **Les Idées modernes sur les enfants** (18e mille).

BOHN (Dr G.). **La Naissance de l'Intelligence** (40 figures) (5e mille).

BOUTROUX (E.), de l'Institut. **Science et Religion** (14e mille).

COLSON (C.), de l'Institut. **Organisme économique et Désordre social.**

CRUET (J.), avocat à la cr d'appel. **La Vie du Droit et l'Impuissance des Lois** (5e m.).

DAUZAT (Albert), docteur ès lettres. **La Philosophie du Langage.**

DROMARD (Dr G.). **Le Rêve et l'Action.**

GUIGNEBERT (C.), chargé de cours à la Sorbonne. **L'Evolution des Dogmes** (6e m.).

HACHET-SOUPLET (P.), directeur de l'Institut de Psychologie. **La Genèse des Instincts.**

HANOTAUX (Gabriel), de l'Académie française. **La Démocratie et le Travail.**

JAMES (William), de l'Institut. **Philosophie de l'Expérience** (6e mille).

JAMES (William). **Le Pragmatisme** (5e m.).

JANET (Dr Pierre), professeur au Collège de France. **Les Névroses** (6e mille).

LE BON (Dr Gustave). **Psychologie de l'Education** (15e mille).

LE BON (Dr Gustave). **La Psychologie politique** (9e mille).

LE BON (Dr Gustave). **Les Opinions et les Croyances** (9e mille).

LE DANTEC (Félix). **L'Athéisme** (12e mille).

LE DANTEC (Félix). **Science et Conscience** (6e mille).

LE DANTEC (Félix). **L'Egoïsme** (8e mille).

LE DANTEC (Félix). **La Science de la Vie.**

LEGRAND (Dr M. A.). **La Longévité.**

LOMBROSO. **Hypnotisme et Spiritisme** (6e mille).

MACH (E.). **La Connaissance et l'Erreur** (5e mille).

MAXWELL (Dr J.). **Le Crime et la Société** (5e mille).

PICARD (Edmond). **Le Droit pur** (6e mille).

PIERON (H.), Mtre de Conférences à l'Ecole des Htes Etudes. **L'Evolution de la Mémoire** (4e mille).

REY (Abel), professeur agrégé de Philosophie. **La Philosophie moderne** (8e mille).

VASCHIDE (Dr). **Le Sommeil et les Rêves.**

VILLEY (Pierre), professeur agrégé de l'Université. **Le Monde des Aveugles.**

# HISTOIRE

ALEXINSKY (Grégoire), ancien député à la Douma. **La Russie moderne.**

AURIAC (Jules d'). **La Nationalité française, sa formation.**

AVENEL (Vicomte Georges d'). **Découvertes d'Histoire sociale** (6e mille).

BIOTTOT (Colonel). **Les Grands Inspirés devant la Science. Jeanne d'Arc.**

BLOCH (G.), professeur à la Sorbonne. **La République romaine.**

BORGHÈSE (Prince G.). **L'Italie moderne.**

BOUCHÉ-LECLERCQ (A.), de l'Institut. **L'Intolérance religieuse et la politique.**

BRUYSSEL (E. van), consul général de Belgique. **La Vie sociale** (6e mille).

CAZAMIAN (Louis), me de Conférences à la Sorbonne. **L'Angleterre moderne** (5e m.).

CHARRIAUT (H.). **La Belgique moderne** (6e mille).

COLIN (J.), Lt-Colonel. **Les Transformations de la Guerre** (6e mille).

CROISET (A.), membre de l'Institut. **Les Démocraties antiques** (7e mille).

GARCIA-CALDÉRON (F.). **Les Démocraties latines de l'Amérique** (3e mille).

GENNEP. **La Formation des Légendes** (5e mille).

HARMAND (J.), ambassadeur. **Domination et Colonisation.**

HILL, ancien ambassadeur. **L'Etat moderne.**

LE BON (Dr Gustave). **La Révolution Française et la Psychologie des Révolutions** (9e mille).

LICHTENBERGER (H.), professeur adjoint à la Sorbonne. **L'Allemagne moderne** (11e m.).

MEYNIER (Commandant O.), professeur à l'Ecole militaire de Saint-Cyr. **L'Afrique noire.**

NAUDEAU (Ludovic). **Le Japon moderne, son Evolution** (8e mille).

OLLIVIER (E.), de l'Académie française. **Philosophie d'une Guerre (1870)** (6e mille).

OSTWALD (W.), professeur à l'Université de Leipzig. **Les Grands Hommes.**

PIRENNE (H.), Pr à l'Université de Gand. **Les Démocraties des Pays-Bas.**

ROZ (Firmin). **L'Energie américaine** (5e mille).

# Bibliothèque de Philosophie scientifique

## DIRIGÉE PAR LE D GUSTAVE LE BON

### SCIENCES PHYSIQUES ET NATURELLES

BACHELIER (Louis), Docteur ès sciences. **Le Jeu, la Chance et le Hasard.**

BERGET (A.), professeur à l'Institut océanographique. **La Vie et la Mort du Globe** (6e m.).

BERTIN (L.-E.), de l'Institut. **La Marine moderne** (54 figures).

BIGOURDAN, de l'Institut. **L'Astronomie** (50 figures) (5e mille).

BLARINGHEM (L.). **Les Transformations brusques des êtres vivants** (49 figures). (5e mille).

BOINET (Dr), prof de Clinique médicale. **Les Doctrines médicales** (6e mille).

BONNIER (Gaston), de l'Institut. **Le Monde végétal** (230 figures) (8e mille).

BOUTY (E.), de l'Institut, prof à la Sorbonne. **La Vérité scientifique, sa poursuite** (5e mille).

BRUNHES (B.), professeur de physique. **La Dégradation de l'Energie** (7e mille).

BURNET (Dr Etienne), de l'Institut Pasteur. **Microbes et Toxines** (71 fig.) (5e mille).

CAULLERY (Maurice), professeur à la Sorbonne. **Les Problèmes de la Sexualité.**

COLSON (Albert), professeur à l'Ecole Polytechnique. **L'Essor de la Chimie appliquée.**

COMBARIEU (J.), chargé de cours au collège de France. **La Musique** (10e mille).

DASTRE (Dr A.), de l'Institut, professeur à la Sorbonne. **La Vie et la Mort** (13e mille).

DELAGE (Y.), de l'Institut et GOLDSMITH (M.). **Les Théories de l'Evolution** (6e mille).

DELAGE (Y.), de l'Institut et GOLDSMITH (M.). **La Parthénogénèse.**

DELBET (Pierre), Pr à la Faculté de Médecine de Paris. **La Science et la Réalité.**

DEPÉRET (C.), de l'Institut. **Les Transformations du Monde animal** (7e mille).

ENRIQUES (Federigo). **Les Concepts fondamentaux de la Science.**

GUIART (Dr). **Les Parasites inoculateurs de maladies** (107 figures).

HÉRICOURT (Dr J.). **Les Frontières de la Maladie** (8e mille).

HÉRICOURT (Dr J.). **L'Hygiène moderne** (10e mille).

HOUSSAY (F.), professeur à la Sorbonne. **Nature et Sciences naturelles** (6e mille).

JOUBIN (Dr L.), professeur au Museum. **La Vie dans les Océans** (figures) (5e mille).

LAUNAY (L. de), de l'Institut. **L'Histoire de la Terre** (10e mille).

LAUNAY (L. de). **La Conquête minérale.**

LE BON (Dr Gustave). **L'Evolution de la Matière**, avec 63 figures (24e mille).

LE BON (Dr Gustave). **L'Evolution des Forces** (42 figures) (13e mille).

LECLERC DU SABLON (M.). **Les Incertitudes de la Biologie** (24 figures).

LE DANTEC (F.). **Les Influences Ancestrales** (12e mille).

LE DANTEC (F.). **La Lutte universelle** (10e m.)

LE DANTEC (F.). **De l'Homme à la Science** (8e mille).

MARTEL, directeur de *La Nature*. **L'Evolution souterraine** (80 figures) (6e mille).

MEUNIER (S.), professeur au Museum. **Les Convulsions de la Terre** (35 fig.) (5e m.).

OSTWALD (W.). **L'Evolution d'une Science, la Chimie** (7e mille).

PICARD (Emile), de l'Institut, professeur à la Sorbonne. **La Science moderne** (11e mille).

POINCARÉ (H.), de l'Institut, prof à la Sorbonne. **La Science et l'Hypothèse** (42e mille).

POINCARÉ (H.). **La Valeur de la Science** (18e mille).

POINCARÉ (H.). **Science et Méthode** (14e m.).

POINCARÉ (H.). **Dernières Pensées** (3e mil.).

POINCARÉ (Lucien), dr au Me de l'Instruction publique. **La Physique moderne** (15e m.).

POINCARÉ (Lucien). **L'Électricité** (11e mille).

RENARD (Dr). **L'Aéronautique** (68 figures) (6e mille).

RENARD (Dr). **Le Vol mécanique. Les Aéroplanes** (121 figures).

ZOLLA (Daniel), professeur à l'École de Grignon. **L'Agriculture moderne.**

### PSYCHOLOGIE, PHILOSOPHIE ET HISTOIRE

*Voir la liste des ouvrages page 3 de la couverture.*

2782. — Paris. — Imp. Hemmerlé et Cie. — 1-14.